伤脑筋的
儿童言行全解码

陈志林 著

中国人口出版社
China Population Publishing House
全国百佳出版单位

图书在版编目（CIP）数据

伤脑筋的儿童言行全解码 / 陈志林著 . -- 北京：中国人口出版社，2023.3
ISBN 978-7-5101-8837-4

Ⅰ. ①伤… Ⅱ. ①陈… Ⅲ. ①儿童心理学 Ⅳ. ① B844.1

中国版本图书馆 CIP 数据核字（2022）第 230463 号

伤脑筋的儿童言行全解码
SHANGNAOJIN DE ERTONG YANXING QUANJIEMA

陈志林　著

责 任 编 辑	江　舒
策 划 编 辑	江　舒
装 帧 设 计	华兴嘉誉
插 画 绘 制	李春霏
责 任 印 制	林　鑫　王艳如
出 版 发 行	中国人口出版社
印　　　刷	天津中印联印务有限公司
开　　　本	880毫米×1230毫米　1/32
印　　　张	6.75
字　　　数	146千字
版　　　次	2023年3月第1版
印　　　次	2023年3月第1次印刷
书　　　号	ISBN 978-7-5101-8837-4
定　　　价	49.80元

电 子 信 箱	rkcbs@126.com
总编室电话	（010）83519392
发行部电话	（010）83510481
传　　　真	（010）83538190
地　　　址	北京市西城区广安门南街80号中加大厦
邮 政 编 码	100054

版权所有　侵权必究　质量问题　随时退换

前言

俗话说"知子莫若父"。然而,想要真正理解自己的孩子,父母不仅需要付出自己的真心、耐心,还需要学习与实践。

因为我们不断长大,就会逐渐遗忘小时候的心境和对世界的感受。许多事情在成人的眼中是错误的、可笑的,但在孩子的眼中却是正确的、美好的。孩子和大人好像属于两个完全不同的世界。如果说大人的世界是现实的陆地,那么孩子的世界就是充满了梦幻的天堂。在孩子的眼里,世间万物都有灵性。他们会冲布娃娃牙牙学语,也会和小动物说悄悄话……他们还会做一些在大人们看来莫名其妙、烦不胜烦的事。

为此,本书以真实案例为背景,针对学龄前及学龄期孩子常见的一些令人困惑、烦恼,甚至抓狂的言行,从儿童心理的角度进行了剖析,并以简明而实用的方式,指导家长正确认知并对孩子进行科学而有效的引导。

荣格曾经说过:"原生家庭对子女的影响越深刻,子女长大后就越倾向于按照幼年时的世界观来观察和感受成人的世界。"在孩子需要肯定和支持，需要倾诉的时候，家长的及时回应对孩子来说才是最好的陪伴。如果孩子的每一句话都能被重视，每一次的情绪爆发都能被读懂，孩子就更容易体会到自己的存在和价值，进而产生自尊、自信、自爱。

希望这本书能够帮助广大家长在养育孩子的过程中，更放松，更快乐，更能有的放矢，跟孩子共同成长！

陈志林

2023 年 3 月

目 录

第一章　孩子为什么这样说，这样做

1. 独占一切，是个"霸道"坯子吗……………………002
2. 睚眦必报的小心眼………………………………006
3. 爱打小报告………………………………………010
4. 嫉妒别的孩子被夸奖……………………………013
5. 喜欢独占功劳……………………………………017
6. 爱插嘴，总打断别人说话………………………021
7. 顺从一切，不会说"不"…………………………025
8. 啃指甲，撕剥手指皮肤，是病吗………………029
9. 一个故事听800遍，拒绝新故事…………………033
10. 喜欢撕书、拆玩具………………………………036
11. "匹诺曹"附身的撒谎大王………………………040
12. 烦死人的"人来疯"………………………………044
13. 软磨硬泡，不达目的就撒娇……………………048
14. 女孩自慰夹腿，是学坏了吗……………………052
15. 干啥啥不行，发火第一名………………………055
16. 说脏话，竖中指，是学坏了吗…………………058
17. 上幼儿园就"发烧"，却查不出病因……………062

18. 入园了还要穿纸尿裤站着大便 …… 065
19. 跟小朋友玩结婚游戏，是发育太早吗 …… 069
20. 孩子自言自语，是精神病吗 …… 072
21. 欺负小动物，是淘气还是虐待 …… 075
22. 东西必须以同种方式放在同样位置 …… 079
23. 做作业太磨蹭 …… 083
24. 男孩玩小鸡鸡，是性早熟吗 …… 087
25. 越禁止，越要做，家长怎么办 …… 091
26. 要挟大人，不给奖励就捣乱 …… 095
27. 一到关键时刻就"掉链子" …… 099
28. 过分注意外表 …… 102
29. 提问、提问再追问，问个不停 …… 105
30. 怕黑、怕人、怕外出，什么都怕 …… 108
31. 孩子有社交恐惧吗 …… 111
32. 沉迷短视频 …… 114
33. 喜欢恶作剧，反抗一切指令 …… 118
34. 喜欢炫耀，惹人厌 …… 121
35. 遭遇霸凌 …… 124
36. 在集体中不合群 …… 128
37. 没有遗传因素的结巴 …… 131
38. 赢得起输不起的小心眼 …… 134
39. 霸道，抢小朋友玩具 …… 138
40. 丢三落四，自己的东西不珍惜 …… 141
41. 吃鼻屎，是异食癖吗 …… 145

第二章　家长的常见错误言行自查

1. "不许哭，男子汉不能哭！" ……………………………… 150
2. "你个小屁孩懂什么？听爸爸妈妈的就行了！" ………… 153
3. "想吃糖爸爸给你买，但别告诉妈妈哦！" ……………… 156
4. "不能小气，必须分享！" ………………………………… 160
5. "他还是个孩子，不懂事。" ……………………………… 163
6. "你看看某某，再看看你！" ……………………………… 166
7. "生二胎是爸爸妈妈的事，跟你有什么关系？" ………… 169
8. "你是哥哥/姐姐，你就应该让着弟弟/妹妹！" ………… 173
9. "要不是因为你，我们早就离婚了！" …………………… 177
10. "你知道报这个班有多贵吗？你还不好好学！" ………… 180
11. "给他买，不就一个玩具嘛，弄得鸡飞狗跳！" ………… 183
12. "大人的事儿，别打听！" ………………………………… 187
13. "再不听话不要你了！" …………………………………… 190
14. "不准和成绩差的孩子交朋友！" ………………………… 193
15. "知道你错哪儿了吗？知道还错！不知道？就让你知道知道！" …………………………………………………… 197
16. "爸爸妈妈求你了……" …………………………………… 200
17. "学习好就行了，其他事都不重要！" …………………… 203

附：孩子出现以下信号家长要注意 ………………………… 206

第一章

孩子为什么这样说，这样做

1. 独占一切,是个"霸道"坯子吗

小贴士

常见于出生后 18 个月至 3 岁,属于孩子成长过程中必然会经历的过程。

您家孩子也这样吗

西西的小叔很喜欢西西，总是给他买很多零食，西西很开心。

有天早上，小叔下楼买早点，买的是四人份的油饼，而且是在西西非常喜欢吃的那一家店里买的。他刚提着油饼进屋，西西就乐坏了，立刻到卫生间踮着脚洗了手，跑到饭桌前坐好，把油饼拿到自己面前，开始用小手边撕边吃。这时，爸爸、妈妈和小叔也都坐了过来，但当小叔要去拿油饼的时候，西西却用双手挡住油饼，对小叔说道："你别吃我的油饼，这些只能我自己吃。"小叔尴尬地笑了笑，爸爸有点生气，对西西说："怎么能对小叔没礼貌呢？快点把手拿开。"西西气鼓鼓地看着爸爸，手还是挡在油饼前面。妈妈说："西西，这样不对，油饼是小叔买的，不能不让小叔吃。"西西一看所有人都很"凶"地对待自己、不支持自己，又气愤又委屈，一下从椅子上跳下来，跑进卫生间，将自己锁在了里面，还大声喊了一句："我不跟你们玩了！"

认知关键

占有欲　自我意识　自尊心　自信心

占有欲一般在孩子出生后 18 个月至 3 岁期间显现。孩子正处于建立自我的时期，往往要先形成自我意识，才能意识到身边还有"你""他"。在自我意识形成的过程中，孩子以自我为中心的心理非常强烈，他们眼中的一切都是属于自己的，包括父母。孩子不断地通过这种"我"的表达,通过对物品的占有,来建立自己的自我意识。如果别人随便触碰或占领了属于他们的东西,他们就会想方设法地抢回来,并且常常是不达目的绝不罢休。

家长小课堂

其实每个父母都希望自己有一个乐于分享的孩子,可是对于孩子来说,他们必须要经历一个自我意识建立的时期,这就意味着他们要有一段时间会表现出强烈的独占欲望,坚决不跟别人分享,甚至想抢夺别人的东西。父母要正确认识这种现象,同时也要想办法帮助孩子改掉这个毛病,形成慷慨、善良的性格。

首先,父母要给孩子明确的概念,让他们知道哪些东西是属于自己的。比如告诉孩子你房间里的玩具是你的,父母房间里的东西不属于你,不能随便动;家里是可以随便走动的,但不能不分场合地大声喧哗,因为家的一部分也属于父母,父母在某些时候需要一个安静的环境等。目的是帮助孩子懂得,并不是所有的东西都属于自己。

其次,帮助孩子认识分享的重要性,但不要强迫。孩子在有"利己"的行为时,父母不要去强迫孩子停止,而应该引导孩子体验分享的快乐,让孩子自愿与别人分享事物;同时鼓励孩子多和同龄人交流,或者多和一些懂得分享的小哥哥、小姐姐在一起玩,也可以让孩子邀请小伙伴到自己家里玩,让孩子扮演招待客人的角色。这些方法,都能让孩子在欢快的心情中体会分享的乐趣,对于减轻孩子的占有欲是很有效的。

最后，让孩子懂得"借"和"还"等概念，也能帮助他们降低占有欲。比如，让孩子知道玩具借给别人，还能要回来，自己不会因此而损失什么，反而会赢得好人缘；同时也要让孩子知道，借别人的东西，最终都是要还的，不能就此占为己有。通过这样不断的训练，孩子的强烈占有欲就会冲淡很多。

占有欲并不完全是一件坏事，从某种意义上说，一个人有一定的占有欲，证明他有足够的自我意识，进而才能有自尊心，也才能在此基础上产生自信心。所以，父母面对孩子的"占有欲"，要用"一分为二"的眼光来看待，既要适当保护，又要遏制其"疯长"，对孩子的心理健康才最为有利。

2. 睚眦必报的小心眼

小贴士

常见于 3 岁以后，相对缺乏自信的孩子表现更为明显。

您家孩子也这样吗

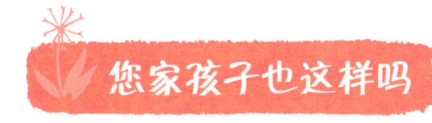

杰宇回到家里,把书包摔在沙发上,自己也一屁股坐在了上面,绷着一张小脸。

妈妈听到动静从厨房走出来,笑着问道:"哟,谁惹我们杰宇生气了?"说完,她看了一下周围,问道:"咦,明明不是每天放学都会来咱家玩一会儿的吗?今天他怎么没来?"杰宇大声说道:"不要提他!我讨厌他!"妈妈听了,没再问什么,转身走开了。

第二天早上,妈妈送杰宇上学,在路上问起昨天的事情,杰宇才说道:"我昨天上美术课的时候画了一幅画,老师说我画得最好。下课明明找我说话,不小心把我的画弄坏了。""原来是这么回事。不过,你自己也明白,明明是不小心弄坏的。既然这样,那就不要生气了,原谅你的好朋友吧!""不,我就不原谅他!他弄坏了我最好的画!"妈妈顿了顿,认真地对杰宇说:"妈妈很理解你的心情。但是,画已经坏了,你再生气,它也不能变好,所以你生气只能让自己心情不好,还会让你失去一个好朋友。并且,妈妈相信那不是你画得最好的画,你以后还会画出更多更好的画。但是好朋友呢?失去后可能就再也找不回来了。"

认知关键

狭隘　情绪　人际交往　自信

心胸狭窄的孩子常常表现出吝啬、斤斤计较、不吃亏、输不起。若是别人伤害了他们，他们往往很难释怀；别人批评了他们，他们更是会长时间耿耿于怀；别人比他们强一些，也会触及他们的"底线"……

现在有些孩子的关注范围和生活空间都很狭窄，而一旦孩子进入小学这个有学业竞争的集体后，孩子就有可能因为竞争而产生自卑、嫉妒等心理，以及暴躁易怒的情绪。这种心理和情绪长期得不到释放，孩子就有可能表现出心胸狭小。如果父母在生活中是很宽厚的人，很少和人斤斤计较，遇到事情能够忍让，那么孩子也会无形中感染这种品质；相反，如果父母小肚鸡肠，凡事较真，孩子也更容易变成一个狭隘的人。

家长小课堂

孩子心胸过于狭窄，不但会影响孩子的心理健康和成长发展，还会使孩子未来的人际关系受损。因此，父母必须想办法帮助孩子拥有一颗宽容的心。

首先，帮助孩子建立自信。没有自信的孩子在人际交往中更容易去攀比，心思更容易变得狭隘。生活中我们也常常发现，那些有自信的孩子，和别人交往起来是很自然、愉悦的，因为他们不需要靠"压过"别人来证明自己；而那些有点自卑的孩子，往往都有自己的"软肋"或者"雷区"，别人一碰就会引发不快。

其次，教会孩子学会退让。人与人难免会有一些摩擦。如果每次遇到事情都要争高低、针锋相对，那么人生一定是充满矛盾和不快的。父母应告诉孩子，遇事不妨退一步，忍让一下，能宽容别人的地方要尽量宽容，这样既能给自己一个好心情，又能为自己赢得良好的人际关系。

最后，帮助孩子学会反思，遇到不愉快的事情，要先考虑自身是否有问题，不要将错误全都归结在别人身上。只要孩子拥有自信、自知，远离自私，快乐就不会远离。

美国著名的文学家爱默生说："宽容不仅是一种雅量、文明、胸怀，更是一种人生的境界。宽容了别人就等于宽容了自己。宽容的同时，也创造了生命的美丽。"宽容，表面上看，好像自己让步了、受了委屈，但实际上真正获益的是自己。所以，父母不应教孩子斤斤计较、争上风，而应教他退步和忍让。

3. 爱打小报告

> **小贴士**
>
> 　　孩子爱告状，我们不要一味地阻止或者敷衍，要考虑孩子的年龄特点，多探询孩子告状的原因。

您家孩子也这样吗

朋友的儿子，今年刚满5岁，最近特别喜欢告状，动不动就跑去跟爸爸妈妈说，某某某欺负他了。

一开始，朋友没当回事，感觉孩子告状的样子很可爱。但是，渐渐地朋友也有些烦了。比如，孩子在家跟他哥哥玩耍，只要兄弟俩发生矛盾，他作为家里最小的就总喊："妈，他抢我玩具！妈妈，他推我！妈妈，他刚才说脏话……"进一步观察发现，孩子在跟其他小朋友玩耍时也总跟老师、大人告状，弄得周围的大人和孩子都有些厌烦。这可怎么办呢？

认知关键

爱告状　儿童社交　自我意识　社交技能

孩子"爱告状"，动不动就告诉身边人有人欺负他或者做了坏事。这种行为跟"打小报告"差不多，都是指责他人的行为，所以孩子"爱告状"是非常容易惹怒别人的，进而影响人际关系。孩子"爱告状"是正常的吗？心理学认为"爱告状"的行为是儿童心理发育和人际发展的阶段表现，随着孩子的成长会慢慢消失，所以家长不用过于担心。孩子"爱告状"是正常的，但是孩子告状行为的出发点往往是不同的，家长要了解目的，及时引导。

家长小课堂

认真倾听，不急于做判断。当孩子"告状"时，建议家长先耐心听孩子说，然后再根据不同的情况，采取不同的解决方法。比如，如果孩子是为了突出表现自己，家长就表扬两句；孩子想从家长那里得到价值判断，家长就要好好讲道理，准确无误地表达自己的态度。这样既能满足孩子的需求，又能实现教育孩子的目的。

教孩子换位思考。孩子"告状"的过程，也是寻找问题解决方法的过程。家长要告诉孩子，遇到问题，先学着自己处理，实在不行就偷偷地求助身边有能力的人，帮忙处理。选择"告状"是正当的行为，但是也要在意他人的感受，不要伤害到他人。

培养孩子的自我意识。当孩子向你告状时，要耐心倾听，并且帮他分析别人那么做的原因，引导他思考并站在对方的立场去看问题。

多陪伴孩子。如果你的孩子用告状来引起你的关注，你应该重视这个问题。如果孩子缺乏跟父母的交流，他可能还会用别的更不好的方式来引起你的注意。怎么陪伴孩子呢？可以和孩子一起阅读书刊、做家务、玩亲子游戏等。

教孩子必要的社交技能。大人要尽可能多地创造各种机会，让孩子和同龄的伙伴交流玩耍。可以用移情训练、角色游戏来培养孩子的同理心，学习分享、合作、帮助他人、抚慰他人的方法，让他在与人、事、物的相互作用中逐步提高社交能力。

4. 嫉妒别的孩子被夸奖

小贴士

嫉妒心过强的孩子,不仅会伤害别人,还会折磨自己。父母解决问题的重点是帮孩子树立自信心。

您家孩子也这样吗

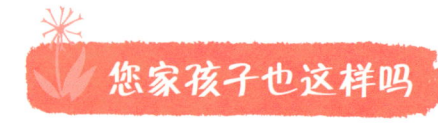

妈妈带着小光去绘画班上课,小光边听老师讲解边画,妈妈在旁边认真地看着。

过了两个小时,小朋友们的作品基本上都大功告成。妈妈看着小光画的"一家三口",很满意地拍了拍他,说道:"小光真厉害,画得真棒!把每个人都画得很像。"小光听后露出了得意的笑容。这时妈妈的余光看到旁边一个小朋友的画竟然也非常出色,妈妈立刻赞叹道:"这个孩子的画真棒!画得真干净、真漂亮。"妈妈不住地点头,却没有发现在一旁的小光已经绷起了脸,最后终于忍不住喊道:"我不许你夸他!你只能夸我一个人!"

认知关键

嫉妒　负面情绪　好胜心　自信缺失　情感脆弱

嫉妒,是一种伤人伤己的情绪,多产生于成年人之间。但实际上,孩子也有嫉妒心理。嫉妒不是单纯的好胜、好面子,是发现自己在某些方面不如别人时产生的一种由羞愧、恼怒、怨恨等组成的复杂情绪。嫉妒心与好胜心的区别是,前者有一定的破坏性,会破坏人的判断力、亲和力等。

家长小课堂

孩子的嫉妒情绪一旦产生，就不容易摆脱，这种情绪会持续影响他的态度和行为，破坏孩子和同伴之间的感情，并可能导致孩子用不正当的手段来伤害他人。嫉妒心过强的孩子，不仅会伤害别人，还会折磨自己，他们无法认可和接受别人的优点，进而让自己陷入愤怒、沮丧、怨恨、自惭、自责等消极情绪中不可自拔。这样一来，孩子就容易丧失自信和前进的动力，只将注意力放在对别人的怨恨和伤害之上。所以，嫉妒不能长久地存在于孩子内心，否则其消极作用会长久地影响孩子，会给他的生活、学习和人际交往带来极大的危害。那么，父母该怎么做呢？

第一，抓住机会，教育孩子将嫉妒转化为动力，以实力去超越别人。 嫉妒心在孩子心中萌芽，根源是孩子觉得自己不如别人。父母想要消除孩子的嫉妒心，不能直接勒令其不许再嫉妒，而是应从源头上解决问题——让孩子通过努力改善自己的不足。这样才是"治本"的做法。

第二，孩子一般不是单纯嫉妒别人的优秀，而是自信心不够，父母解决问题的重点，就是帮孩子树立自信心。 让孩子树立自信心，最有效的方法就是及时鼓励、表扬，但要注意这种表扬应是适当的，不要夸大。另外，父母切忌在夸奖孩子的时候拿别的孩子做比较，否则孩子就总有一种"打败别人"的优越感，而一旦发现自己不如别人，这种优越感被打破的时候，孩子的自信心就容易崩塌，嫉妒心就会随之而来。

第三，让孩子懂得为成功的人喝彩，也乐于帮助不幸的人。 嫉妒心重的孩子心胸也可能比较狭窄，不认同别人的优点，对别人的不幸和缺陷也不会共情,甚至还会有幸灾乐祸的心理。对此,父母要在日常生活中多鼓励孩子接纳别人,并用自己的方式为别人喝彩、祝福;如果同学的学习出现了困难,要让孩子主动帮助对方,而不能因为对方衬托出了自己的优秀而沾沾自喜。

孩子的情感是脆弱的,很容易产生消极情感;孩子的可塑性又是很强的,如果引导不当,孩子的负面情绪就会转化为负面心理,形成孩子固定的性格。所以,父母千万不能认为孩子嫉妒他人是小事、小孩子气,一旦发现嫉妒的苗头,就要立刻积极引导。

5. 喜欢独占功劳

小贴士

独生子女家庭的孩子往往"集万千宠爱于一身",如果父母平时欠缺对孩子进行团队意识的培养,孩子就有可能变得自私自利,没有协作精神和团队意识。

您家孩子也这样吗

晚饭后，航航妈妈提议："我们比赛搭积木吧！"她这个建议得到了家人的赞成。于是经过商量之后，航航和奶奶一组，妈妈和爸爸一组，两组人开始了一场小型的搭积木比赛。

航航动作很快，也很稳，不一会儿就把"大厦"的"地基"做好了。爸爸和妈妈连夸："航航的技术真是好，真不愧是搭积木的行家！"航航正得意，奶奶的手没把稳，在放积木的时候把"大厦"碰倒了。航航立刻生气极了，绷着小脸怒视奶奶，那样子仿佛在说："都怪你，这下要输了。"爸爸见状，忙鼓励航航："别急，还有时间，从头开始。航航手快，没准还能赢。"航航立即再次投入比赛。为了不让奶奶再碰倒积木，他指挥奶奶给自己递木块，由自己来搭。一老一小合作得良好，最后险胜比赛。

爸爸和妈妈直夸两人厉害，航航却说："都是我一个人搭的，奶奶只不过递了一下木块，我的功劳最大！"

认知关键

团队意识　亲和力　爱心　责任心　分享

团队意识是一个人必不可少的基本素质，也是实现人生价值、获得成功的必要条件。现代社会需要的人才，已经不单单是具有才能和知识的人才，是否有团队意识也是衡量一个人是否优秀的一大标准。这是因为，人是社会性的动物，一个人只有将个体的力量和团队的力量联合起来，才能实现更大的目标，同时也才能使自己发挥出最大的潜能。

家长小课堂

航航的表现是"自私有余"，而没有足够的团队意识。其实一个人的成功，往往不仅是自己创造的，而是将自己融入集体，依赖集体创造的。然而在生活中，一般家庭多为独生子女，孩子往往"集万千宠爱于一身"，再加上父母平时欠缺对孩子团队意识的培养，孩子大多自私自利，没有协作精神和团队意识。因此，他们不但在人际交往中会吃亏，在将来的工作中也会处于十分被动的地位。那么，父母如何培养孩子的团队意识呢？

首先，要在日常生活中培养孩子的亲和力、爱心、责任心，这有利于消除孩子孤僻的心理障碍，使孩子乐于进入集体生活。如果孩子的性格比较内向，父母要想办法多带孩子到室外活动，让他多和其他小朋友接触，以消除孩子和同龄人的疏远感，使孩子感受到自己和小朋友是一伙的，这样才能进一步培养孩子的团队意识。当孩子能和小朋友打成一片的时候，父母要让孩子学会帮助弱者，发现小伙伴有困难时要热情地伸出援手，这种同情心也是团队意识的一部分。

其次，父母可以多给孩子创造游戏的机会，让孩子在集体的游戏中树立起团队意识。游戏是每个孩子都喜爱的，同时由于它有多人参与的特性，对于培养孩子的团队意识是很有帮助的。在为孩子挑选游戏时，尽量引导他们玩那些需要合作才能完成的游戏，并且鼓励孩子为了集体的荣誉而努力。赢了之后，不要邀功，要把成功看作大家努力的结果；输了也不要互相埋怨，要勇于共同承担责任，继续努力争取下一次成功。总之，适当弱化孩子在集体中的个性，让集体的荣誉成为孩子的最大目标，这是培养孩子团队意识的有效方法。

培养孩子的团队意识，就是让孩子做到"目中有他人"，看到他人的长处，包容他人的短处，学会和他人合作，懂得和他人分享胜利的果实。只有这样，孩子所在的团队才有可能是一个优秀的团队，孩子也才能在这个优秀的团队中实现自己的价值。

6. 爱插嘴，总打断别人说话

小贴士

从心理学的角度来看，人们某种行为的背后都隐藏着一定的动机，所以，当孩子总是插嘴或者打断大人讲话时，家长不要只单纯地看行为表面，而应该深究背后的原因。

第一章 孩子为什么这样说，这样做

您家孩子也这样吗

从幼儿园回来，小靳就看到了妈妈给他新买的彩色水彩笔，于是开始开心地把玩、试色，画了起来。

终于，一幅得意之作就要完成了，小靳开始不停地向大人询问意见，完全不顾爸爸妈妈正在跟姥姥一起热火朝天地聊着装修房子的事。

"妈妈，你说天空用这个蓝色好，还是用那个蓝色好？爸爸，你说天上应该画个飞机还是小鸟？你们看我画的这个飞碟！"

终于，爸爸忍不住爆发了，一声大喝："大人说话小孩别插嘴！没礼貌！"

小靳吓了一跳，顿时就眼泪汪汪，一动不动了。

认知关键

表现欲　亲子沟通　自我意识　习惯养成

从儿童发展心理学的角度看，对于 4～5 岁的幼儿来说，孩子的表现欲常常表现在过度关注自己。这个年龄段的孩子能够积极地表现自己，也是一种心理健康的表现。所以，当家里的孩子开始出现插话的行为时，家长不要过度忧虑，这是孩子成长的表现。家长只要正确引导，这种行为就会随着年龄的增长而逐渐消失，当然，如果过度溺爱，这种行为就有可能会愈演愈烈。

家长小课堂

平时多给孩子表达的机会。孩子天生就需要跟他人沟通或者倾诉。特别是正处于学说话阶段的孩子，更是"小话痨"一个。这时候，家长越不给孩子表达的机会，他们就越想要找机会说。因此，当大家一起聚会时，不妨主动给孩子一个开口的机会。这样，孩子的表达欲得到了满足，就可能不会随意插话了。

事前进行行为指导。当你不得已带着孩子参加一些相对严肃的聚会时，可以先跟孩子商量好，并尝试转移孩子注意力："妈妈待会儿需要跟叔叔阿姨聊一些很重要的事情，必须得环境安静才能听得清。宝贝可以在旁边安心等待吗？"然后带一些孩子喜欢的玩具，或者给孩子带上纸笔让他画画。

父母不要有随意插话的习惯。身教永远大于言传，如果家长习惯随意打断别人说话，那么教导孩子一万句"插话是不礼貌的坏习惯"也是没用的。大多数家长都能做到跟同龄人交流时不插话，却往往会在跟孩子说话时随意打断他的发言。在孩子还没把话说完时，我们的"抢答"就开始了，这就是在告诉孩子，随意插话是可以的。爱孩子是一种本能，但尊重孩子却有很多家长做不到。只有我们先学会倾听、尊重，孩子才能明白有礼貌的沟通方式是怎样的。孩子的成长过程中，总会出现一些我们眼中"没礼貌""没教养"的"坏毛病"，我们不应该戴着成年人的有色眼镜来贬低这些行为，而是要用爱和耐心，一步步帮助孩子辨别是非，学会如何与自己、人群和社会相处。

从另一个角度看，如果你的孩子突然变得爱插话了，其实是好事！说明他的自我意识正在蓬勃发展，想让大家都看看自己有多棒！尊重孩子的表达欲，是我们为人父母对孩子成长的接纳。

在 4～5 岁阶段的孩子会过度关注自我的感受，而忽略他人的感受。这里说的忽略就是指孩子无法主动识别他人的感受，也就无法意识到这种行为会让人不开心或者讨厌。这个时候就需要家长主动告诉孩子你内心的想法。你可以告诉宝贝：随意打断别人讲话是不礼貌的行为，会让妈妈很难过，如果别人打断你说话，你也会不开心。

还要对孩子表达信任， 比如，"妈妈相信你不是故意的，你可以改正吗？"之类的话，切忌不要以"大人说话，小孩少插嘴"等话来敷衍孩子。

7. 顺从一切，不会说"不"

小贴士

合理拒绝，应该是每个人都懂得的道理，是父母应该教给孩子的生活技能。

您家孩子也这样吗

5岁的萌萌正在小区花园里高高兴兴地荡秋千。

这时,邻居家的男孩小亮凑过来,一把抓住了秋千绳。萌萌一惊。小亮霸气地说:"你下来让我玩会儿,我都好久没荡秋千了。"萌萌委屈极了,她也很久没荡秋千了,而且刚才排了半天队才轮到自己。但萌萌还是默默地下来让给了眼前这个小男孩。

萌萌的妈妈知道此事后,发现自家孩子不懂得如何拒绝别人,尤其是不敢对别人的无理要求说"不",暗自担心孩子将来会吃亏。

认知关键

合理拒绝 亲密关系 "度"的把握

对于他人的无理要求,要学会说"不",否则你的人生将会因为不懂得拒绝而变得非常辛苦。

家长小课堂

合理拒绝,应该是每个人都懂得的道理,是父母应该教给孩子的生活技能。现实中,乐于助人的人常常有好人缘,拒绝别人则可能会失去一次建立亲密关系的机会。因此，拒绝什么、怎样有技巧地拒绝，也是需要父母传授给孩子的社交技能。

首先，帮助孩子明辨是非。没有辨明是非时的拒绝可能会让孩子成为一个无原则的人，甚至因此而得罪朋友。如果别人的要求是合理的，并且在孩子的能力范围之内，那么可以选择答应。比如，同学让孩子帮忙补习功课，向孩子借书，这些都是可以答应的要求。而如果一个爱逃学的同学，让孩子帮他欺骗老师，那么即使在孩子的能力范围之内，父母也要告诉孩子坚决拒绝。

其次，帮助别人要有度。即使是合理的要求，又在孩子的能力范围之内，但如果三番五次地找孩子帮忙，那么对方很有可能是利用了孩子的善良来为自己行一些方便，所以这时父母也要告诉孩子直言拒绝。还拿上面的例子来说，如果一个同学向孩子借书，借了一本还没有还，又要借第二本，甚至反复借，却不归还，孩子也要拒绝，至少应要求对方先还了再借给他。

再次，三思之后再做决定。有些孩子是典型的"爱面子"型，别人一有请求，他不假思索就答应了。如果事后发现做起来有点难度，或者自己并不愿意帮这个忙，就会导致别人的希望落空。这既影响双方的心情，也会影响自己的信誉。所以，父母要教导孩子，遇到别人的请求先别急着拍胸脯，要想一想自己能不能做、愿不愿意做。一旦答应下来，就要力争做到、做好。

最后，拒绝的时候一定要讲究技巧。孩子之间的友谊也需要呵护，因此父母要教育孩子，拒绝别人时不要太直接，也不要表现得过于决绝，否则可能会破坏彼此的关系。父母可以模拟类似情景，让孩子学习拒绝的技巧。另外，也可以让孩子扮演提出请求的那一方，让他切身感受一下，如何被拒绝才不会太失望、太伤自尊。一些类似于"我很想帮可是能力不够""我再考虑考虑"的话，虽然会显得孩子有点"油滑"，但这绝对是保护对方面子和彼此关系的好方法。

由开始不会拒绝到有选择地拒绝，再到很聪明地拒绝，孩子在这个学习过程中可能会有些不适应，但父母要相信，让孩子学会这一"本领"，对他的将来绝对是大有裨益的。

8. 啃指甲，撕剥手指皮肤，是病吗

小贴士

很多家长都觉得孩子啃指甲，撕剥手指皮肤是因为缺锌、缺钙，其实，这通常和缺什么没关系。

啃指甲多数是紧张焦虑和安全感缺失导致的。

您家孩子也这样吗

晴晴妈妈有些困惑甚至焦虑。

女儿都上小学了,还一直爱啃指甲,撕剥手上的死皮,而且这一兴趣还有增无减。每次检查她的小手,十个指尖都是血痂重合着死皮,没有好的时候。全家都担心死了。但不管家人怎么说,孩子也没有改变;去医院查了微量元素,也什么都不缺。

据妈妈观察,孩子做这些动作都是无意识的行为。跟孩子讲道理,孩子也都懂,但就是控制不住。

认知关键

强迫性行为　感觉统合失调　紧张　安全感缺失

孩子小小的行为背后,往往透露出心理方面的问题。

有的孩子,因为家长对他有家暴行为,或者父母的感情不好,让他没有安全感,出现了焦虑的情绪,且长时间没有得到疏解,所以就会内化为心理上的问题,具体表现出吃手指、啃指甲、撕嘴唇死皮……

如果孩子出现这些家长反复强调却改不过来的"坏习惯",家长应该反思一下,是不是自己的行为给孩子带来了压力,或者孩子正在遭受着某些令他恐惧、压抑的事情。

孩子出现啃指甲、撕嘴唇死皮、挖鼻孔等行为,多数家长都会提醒孩子,这样做不卫生,在这一来一回中,家长和孩子交流就比较多。如果是平时较少得到家长关注的孩子，他们可能就会意识到，这也许是吸引家长注意力的方法。

所以，有可能孩子每次想要和家长交流，都会故意使用这个套路。如果家长经常看见孩子有啃指甲、撕嘴唇死皮的"强迫性行为"，要仔细想是不是平时和孩子交流得太少，或者孩子和你沟通的时候，你总是漫不经心，冷落了孩子。

对于正在发育中的孩子来说，如果他们的感觉统合失调，也可能会寻找一些"刺激"，做出啃指甲、撕嘴唇死皮、吮吸手指的行为，因为这些行为会让他们感觉很"爽"。感觉统合失调，具体来说，可能表现为孩子对于疼痛的敏感度比较低，需要通过疼痛来满足本体感觉的需求。如果家长经过排除，找不到孩子以上行为的原因，可以考虑一下孩子是否存在感觉统合失调，最好带孩子去医院看看。

家长小课堂

如何改善孩子的"强迫行为"？

俗话说得好，一个好习惯难养成，一个坏习惯却非常容易学会。不管孩子是因为什么而出现"强迫性行为"，都很难改掉。但是，考虑到这些行为可能会给孩子的健康带来不良影响，所以家长还是要重视起来，帮助孩子改掉。

尽量给孩子足够的安全感。正常情况下，缺乏安全感是导致孩子焦虑，喜欢上啃手指、撕嘴唇死皮的常见原因。所以，家长一定要给孩子高质量的陪伴，提供给孩子足够的安全感。生活中尽量不要因为工作或者其他原因，突然离开孩子，让孩子失去安全感。

注意转移孩子的注意力。孩子喜欢啃指甲、撕嘴唇死皮，家长不要总是去呵斥，最好多注意转移孩子的注意力。比如，可以给他玩具玩，或者让他忙碌起来，帮家长的忙，等等，让孩子把注意力放在其他事情上。

9. 一个故事听800遍，拒绝新故事

小贴士

重复地做同一件事情，反复听同一个故事，是孩子不断深入学习的过程，是非常有意义的心智成长过程。

您家孩子也这样吗

惠惠喜欢妈妈给她讲睡前故事，觉得听妈妈讲故事是世界上最幸福的事。而惠惠妈却为此烦恼不已：同样一个故事，女儿能反复让妈妈讲八遍，她都会背其中的细节了，书都翻烂了，可惠惠仍然坚持让妈妈一遍又一遍地讲，每一遍她都津津有味地听。讲到好玩儿的地方，她一定要笑；大灰狼出现的地方，她也一定会表现出害怕的样子；要是妈妈不小心讲错了一个词，她会认真地纠正过来，可让她复述一遍，她却坚决不肯。

认知关键

智商　幸福　烦躁　心智　学习过程

许多父母都反映孩子不仅喜欢反复听同一个故事，还喜欢反复看同一集动画片。父母们都觉得很枯燥了，宝贝却兴趣盎然，甚至有的父母在不胜其烦之余，都担心孩子这样做是不是因为太无聊了？会不会降低智商？于是，有的父母就表现得很烦躁，还有的父母或斥责或限制孩子，还有的父母会反复问孩子："宝贝，你为什么总爱听一个故事，烦不烦啊？"宝宝们自然无从回答，或直接就说："我喜欢这个故事。"

家长小课堂

孩子喜欢反复听一个故事，有些父母认为这是无意义的重复，而**事实上，这是孩子不断深入学习的过程，是非常有意义的心智成长过程**。

孩子喜欢一个故事，往往是在听第一遍时就产生了好感，喜欢里面的人物、语言、场景、情节……于是，听第一遍时产生好感，第二遍就主要听情节，第三遍听细节，第四遍听语言，第五遍体会人物角色心理，第六遍，第七遍……每次反复听同样一个故事，宝宝们都会有新的收获，等孩子对一个故事充分熟悉了，他就会因为熟悉而感到安全，智慧和能力在此基础上就能稳定地发展，他也会展开想象的翅膀去联想，去创造。

所以家长们大可不必因此而焦虑，要给孩子足够的耐心和信心，静待花开。

10. 喜欢撕书、拆玩具

小贴士

孩子破坏东西只是一种表象，父母不要让表象蒙蔽了双眼，忽略了孩子行为背后值得关注的心理问题。

您家孩子也这样吗

妞妞5岁，活泼好动，只要不出去玩，就在家里摸摸这、碰碰那，家里的每个角落都在她的探索范围内。为此，妈妈着实费了不少心思。她知道妞妞是在满足自己的好奇心，也能在探索中学到知识，因此从不随便阻止，但妞妞经常弄坏一些东西，这让妈妈很是头疼。

上个月，妞妞"研究"上了家里的台灯，她觉得台灯一亮一暗的很有意思，就经常趴在台灯前一下一下地按开关，还总是抱着台灯翻来转去地看。一次，妞妞将手放在亮了很久的灯泡上，一下子就被烫到了。她"哇"地哭了起来，一把把台灯扔到地上，灯泡也摔碎了。

认知关键

破坏行为　需要　兴趣　好奇心　情绪

孩子的破坏行为中，搞破坏往往不是孩子的本意，而是他某种心理或情绪的表现。这时父母应该了解孩子的心理，尽量满足孩子的需要，而不是盲目阻止。表面上孩子扮演着"破坏狂"的角色，但如果父母引导得当，他将来也许就是一个小小发明家；看上去孩子"笨乎乎"的，做不好事情，但假如父母耐心教导，就可能得到一个很好的帮手。所以，孩子破坏东西只是一种表象，父母不要让表象蒙蔽了双眼，忽略了孩子行为背后值得关注的心理问题。

家长小课堂

大多数情况下，孩子的破坏行为有以下几种原因。

一种是**好心办了坏事**。如果父母发现孩子做的"坏事"总是让人哭笑不得，比如将金鱼从鱼缸里捞上来呼吸，把面粉泡在水里洗……那孩子多半就是出于好心，只不过由于经验不足或能力有限，没有做好而已。这时，他们不是想要破坏，而只是"怕小鱼淹死""看到面粉有点脏"。

这种情况下，父母如果批评孩子，就会使他做事的积极性降低。因此，**即使孩子犯了错，也要表扬他，要肯定他的想法是好的，然后告诉孩子"事与愿违"的原因，给他讲解其中的道理。这样，既保护了孩子的积极性，也使其增长了知识。**

第二种情况比较常见，就是**孩子破坏的出发点是好奇**。对于一个刚来到世间不久的孩子来说，世界的一切对于他来说都是很新奇的，他渴望探索周围的所有事物。因此，他不会满足于好好玩玩具，而常常突发奇想，想知道物品内部的构造是怎样的。比如总想知道墨镜为什么能把世界变成另一个颜色；想知道妈妈的香水瓶里到底藏着什么香气四溢的宝物；钟表、收音机、遥控器之类的东西，也都想拆开来"研究"一下里面的秘密。

显然，这时父母**如果阻止孩子"破坏"东西，就会伤害他的好奇心，同时也会阻碍他学习知识、发展智力**。因此，父母可以采取其他的方式。首先，引导孩子将拆散的物品按照原样再装配回去，进一步锻炼他们的动手能力和思考能力；其次，明确告诉孩子哪些物品属于危险品，哪些是名贵的、结构复杂，拆了装不回去的，因为这些物品属于不能拆的一类；最后，给孩子买一些可以拆装的玩具，供他满足自己的好奇心和动手欲，让孩子在拆装的过程中体会到快乐，同时锻炼自己的能力。

还有的孩子，破坏是为了**发泄自己的情绪**。这类孩子的表现是，突发性地破坏东西，而且不是拆、看，而是发狠地摔、扔。这时，父母的训斥可能会让孩子的情绪更加压抑，教育效果可能适得其反，所以，不如**弄清楚孩子发脾气的原因，帮他进行调解，或者教他用适合的方法来排解情绪**。

11. "匹诺曹"附身的撒谎大王

小贴士

孩子说谎是一种再正常不过的现象。人从出生那刻起,就有欺骗和说谎的能力。

您家孩子也这样吗

小春是个有点儿爱撒谎的男孩。

进入小学一个月后,小春就开始以"身体不舒服"为由隔三岔五地要求请假回家休息。小春妈妈也带他去医院检查过,医生都说没发现问题。难道小春在说谎?

在确认"说谎"这个问题时,小春的母亲也失望地说:"他有时候是会说谎。他请假回去后就把自己关在房间里,躺在床上玩手机或者睡觉,有时候饭也不吃。所以我开始拒绝他请假回家。这招不灵了,他又重新找借口,有时候甚至在电话里和我对骂!"

认知关键

说谎　自然倾向　思维发展　幻想　虚荣心

孩子思想单纯、智力有限,因此撒谎一般都不是为了骗人,大多只是由于认知的狭隘,看到什么就说什么,说出来的话即使不符合事实,他们也不知道自己是在说谎。因此,**父母发现孩子撒谎,尤其是 8 岁以下的孩子撒谎,不要轻易地将这种行为与孩子的人格、品质联系起来,而是要了解孩子撒谎的原因,引导他正确地认清事实,杜绝撒谎。**

家长小课堂

年龄比较小的孩子"撒谎",时常会带有"幻想"的意味。比如,他们可能会说自己看见蚂蚁在水中游泳了、小狗在天上飞等大人看来非常荒诞的话。这一方面说明孩子的认知能力非常有限;另一方面可能透露出孩子的意愿,比如他想要飞到天上,或者想亲自体检一下游泳的感觉。这时,父母不要随便责怪孩子"瞎说",而要耐心引导孩子分清想象与现实的区别。

有的孩子会恶作剧似的编一些谎话,比如无中生有地说奶奶打了自己;有的孩子则是犯了错后,害怕父母的责罚,因此否认自己的行为。这两种撒谎行为看起来有些"恶劣",但也并不代表孩子的品质就有多么恶劣。在父母教育孩子的过程中,如果方式不当,也有可能造成孩子说谎。

正强化是指用愉快的刺激,使行为得到强化。比如,一个孩子有一天无意撒谎,说自己在学校得到了老师的表扬,母亲如果不仔细询问事情经过,就立刻给予奖赏,孩子就会受到正面的刺激,进而可能不断说出类似的谎话。**负强化是指削弱消极刺激,使行为得到强化。**比如,孩子每次晚回家都会受到父母的批评,但有一次他谎称自己是为了帮助同学才晚回家,因此躲过了父母的惩罚,那下次他可能也会为了逃避惩罚而继续说谎。

由此可见,**对于孩子来说,即使说谎是为了满足自己的虚荣心或者躲避惩罚,一定程度上目的不纯,父母也不要认定孩子的品质出了问题,其实这多半是孩子"条件反射"般地歪曲事实,是父母曾经给他的反应造成的。**父母要纠正孩子的行为,首先要告诉他:"做错事没什么大不了,大人有时也会做错事,但说谎就是一种不好的行为了。如果你能跟我们说实话，做一个诚实的人，爸爸妈妈就不会惩罚你。"其次，父母要改变自己对孩子的态度。一般来说，孩子的谎话都很"劣质"，带有明显的漏洞。比如，他可能会说自己凭一己之力帮老爷爷把三轮车推上了坡，或是小狗跳上了书架打碎了上面的摆饰，甚至每天回来都说学校考试了，自己得了第一名……当孩子这样说时，父母不要含糊过去，要将事情问清楚，得到真实的结果，再做判断。这样，孩子就会明白谎言终将会被揭穿，撒谎是一件不光彩的事情，以后就会减少撒谎的频率，甚至不会再撒谎了。

当然，父母不想让孩子沾染上撒谎的坏毛病，自己就要以身作则，先做一个诚实的人，无论出于什么原因，都不要随意欺骗孩子。如果欺骗了，要立刻向孩子说明原因，并且道歉。别为了自己的面子，影响孩子健康心理的形成。

12. 烦死人的"人来疯"

小贴士

避免和改正孩子的"人来疯"行为，最重要的是了解孩子的心理，满足他的需要。

您家孩子也这样吗

淘淘刚满4岁，平日里比较安静，但妈妈感到奇怪的是，只要家中一有客人，淘淘立刻变成名副其实的"淘气包"，像孙悟空似的跳上跳下，口中念念有词，还在客人面前不停地翻筋斗，要多活跃有多活跃。

妈妈虽然对淘淘的行为感到奇怪，但是碍于客人在眼前，也很少用强硬的态度对待淘淘，只是轻声劝他去别的屋子里玩。谁知，她的劝说往往像是"火上浇油"，把淘淘的热情之火点得更旺。一次忍无可忍之下，妈妈训斥了淘淘。淘淘很伤心，跑回自己的房间哭了起来。

认知关键

自我意识　社交需求　需要尊重　存在感

有的孩子平日里安安稳稳，但家里一来了人就立刻变成"小疯子"，好像身上装了一个按钮，一按就会"疯狂"起来。这类孩子有一个统一的称谓，叫"人来疯"。很多父母觉得"人来疯"是一件挺有趣的事情，还会拿此来跟自己的孩子开玩笑。但实际上，"人来疯"的形成有着一定的心理因素，或者说是某种心理问题的表现。

这时，如果父母加以阻止，他会以更加兴奋的神态来表示抗议；假如父母动用"武力"，他会闹腾得更加厉害，比如满地打滚、号啕大哭，弄得父母无法收拾残局……

家长小课堂

父母一定都很疑惑：孩子为什么会有如此异常的举动呢？具体说来，"人来疯"行为的原因有以下几个：

首先，**孩子的自我意识在增长**。孩子2岁之后，自我意识会逐渐加强，非常希望别人能够注意到他的存在，于是就凭借自己的经验，以这种"闹剧"似的方式来吸引别人的注意。

其次，**孩子的交往需求在平日里没得到满足**。如果父母平时对孩子的关注较少，也很少带他到室外与别人进行交流，导致孩子的交往圈子过窄，那么他交往的渴望就会在客人到来时"迸发"出来。这时如果客人对孩子没有表现出足够的热情，孩子就会"变本加厉"，拼命地做夸张、异常的行为，以便引起大人的关注。

另外，**当孩子出现这种行为而父母碍于客人在场，没有加以制止时，孩子就会得意忘形，表现得更加离谱。**

因此在平常的生活中，父母要多陪伴孩子，让孩子不至于产生被冷落的感觉。同时，也要教孩子学习礼仪、规矩，让他懂得客人在家时，自己什么该做、什么不该做；或者在给孩子讲故事的时候，将这些糅在故事中，讲给孩子听，这样孩子的记忆往往会更深刻。在客人到来之前，父母要给孩子强化这些内容，再一次让孩子明白接下来应该怎么表现。

客人来了之后，**父母应该让孩子适当参与到与客人的交谈之中，而不是强迫孩子"回屋"，否则孩子被压抑的情绪会更容易爆发**。父母可以让孩子与客人交谈，也可以让孩子做一些简单的送水、递零食等任务,这会让孩子感觉到自己的重要性,就不会再拼命寻找"突破口"来让客人注意自己了。

客人走了之后,**如果孩子表现得好,父母要及时进行奖励,即使只有语言上的表扬,也不要觉得没有必要。**表扬会满足孩子小小的虚荣心,督促他下一次做得更好。相反,如果孩子做得不好,父母就要帮他回顾、检讨,告诉他这样的表现客人是不会喜欢的,从而让他改掉"人来疯"的毛病。

13. 软磨硬泡，不达目的就撒娇

小贴士

　　撒娇是孩子通过示弱的方式达到自己心理预期的做法。

您家孩子也这样吗

毛毛很喜欢吃糖,但他知道妈妈不让自己吃太多的糖,于是就想法子软磨硬泡,向妈妈撒娇,好让她对自己"放宽政策"。起初,这个"糖衣炮弹"还真管用,看着毛毛既可爱又可怜的样子,妈妈几次都妥协了。但几天之后,妈妈发现毛毛吃糖过多,再这样下去很容易长蛀牙。于是,她就给毛毛定了一个规矩:每天只能吃一颗糖,如果执行得好的话,妈妈就会奖励他去游乐场玩。这样,毛毛为了自己的"小荣誉",果然减少了吃糖。

然而喜欢吃糖的毛病虽然改了,但新毛病又出现了:毛毛开始不断地要妈妈带他到游乐场玩。妈妈不同意,他就百般撒娇,赖在妈妈身上不离开。

认知关键

撒娇　安全感　哭闹　情感特质　示弱

撒娇是一种爱的表达方式,同时,撒娇也像喜怒哀乐等其他情感一样,没有人能完全压抑或控制它。对孩子来说,撒娇是通过示弱的方式达到自己心理预期的做法。孩子在2岁左右可能就懂得用撒娇的方式来和父母交流了,其中又以4岁左右的孩子最甚。

爱撒娇是一种很正常的现象。孩子撒娇,与得不到满足哭闹是两种不同的做法,或者可以说比哭闹要"高明"一些。哭闹的做法很直接，容易让父母产生反感；而撒娇则比较委婉，更多的是示好、示弱、扮乖，这会使父母在心理上更容易接受。

孩子想通过撒娇达到的目的一般分为两种：一是为了得到某种实质性的东西，如零食、玩具，或者父母带自己出去玩等；二是寻找安全感，渴望得到父母的关注和爱。

家长小课堂

撒娇的孩子是可爱的，又带些小聪明，所以往往很受父母的喜爱。但若孩子总是用这种"投机取巧"的方式来达到有些过分的目的，父母就不能纵容了，否则就会助长孩子的投机心理，还会使他养成很多不好的习惯。所以，**无论孩子是第几次撒娇，父母都不要抱着欣赏的态度来对待，这会给孩子一个错误的暗示，可能会让他"变本加厉"。**

孩子因为缺乏安全感而撒娇的情况也很常见。父母对于孩子来说，是"安全基地"。 孩子在进入陌生环境、进行新的挑战时，需要相当大的勇气，仅靠自身的力量可能不够，一旦遭遇困难或失败，他们会更需要安全感。这时，如果父母能够站在他们身边，帮助他们，对于孩子来说是非常重要的。所以这种情况下的撒娇，常常有一种期待"结盟"的意味。因此，这类撒娇，通常没有明确的诉求，而只是表现为"黏着"父母，寻求亲密的身体接触。这就提示父母反思自身，是否对孩子的关注太少了。

孩子对父母有依恋才会撒娇，这是一种快乐的体验。但如果太过火，就会影响孩子的独立性，以及健康的心理、性情的形成。所以，对孩子合理的撒娇行为父母要做出正面的回应；太过火的那一部分，父母就要想办法帮他纠正过来。

撒娇对于孩子来说，就像调味料之于饭菜，适当放一些能提味，放得太多就会影响味觉。孩子适当撒娇，能够显示出他对父母的依恋，凸显出他的可爱，但"撒娇成性"，就很容易变成"刁蛮王子"或"刁蛮公主"。所以，**父母要把好关，别让孩子过分娇嗔。**

14. 女孩自慰夹腿，是学坏了吗

小贴士

夹腿是一种下意识的自发性自慰行为。但如果夹腿的次数过多，还是会影响到孩子的生活。

您家孩子也这样吗

月月今年 10 岁了,刚上小学四年级。某天晚上,月月的妈妈不经意路过月月的房间,却发现月月没有在写作业,而是躺在床上做着一些"小动作"。

定睛一看,发现月月竟然把小枕头夹在双腿之间不断地摩擦,而且还脸色绯红,嘴里不时发出一些轻哼。看到这幅景象,月月妈妈顿时恼羞成怒,不管三七二十一就把月月怒斥了一顿,还骂了句:"不要脸!"

认知关键

夹腿　性教育　自发性行为　性早熟

女孩有意无意地做出"夹腿"这个动作,是通过摩擦下体,获得愉悦的一种方式。其实"夹腿"方式也是多种多样的,有人夹被子,有人夹枕头,还有人什么也不夹。这实质上是一种自慰行为,是正常现象,一般对身体没有伤害,父母不必操心,但如果夹腿的次数过于频繁,或场合不对,还是会影响到孩子的生活。

家长小课堂

如果孩子发生了这种行为,家长该怎么做呢?建议如下:

首先，打骂是万万不可的。如果家长在教育孩子的过程中，说了一些让人难堪的话，就有可能会伤了孩子的自尊，并让孩子对性知识的认知出现偏差，孩子可能会觉得性是令人愤怒的、恶心的，进而影响到日后的正常生活。

其次，作为父母，我们应该端正心态，当发现自己孩子有这种行为，不必过于惊慌，更没必要恼羞成怒，因为孩子甚至都不知道父母为什么生气。所以，我们应该找个合适的时间传授给孩子一些基本的性知识，让他们对自己的身体构造有初步的了解，再适时适当地告诉孩子这种行为一定要注意时间、场合、卫生，不能影响学业和身体健康。如果孩子太小还听不懂这些，可以直接转移孩子的注意力，多带他进行户外运动。

最后，我们要清楚地认识到"夹腿"是正常的生理现象，与道德的高低无关，也没必要强行要求孩子戒除。父母需要给孩子正确的引导，孩子才能明白其中的原委，健康茁壮地成长。

15. 干啥啥不行，发火第一名

> **小贴士**
>
> 感统失调在四五岁的孩子身上表现得十分突出，几乎所有的幼儿都会在发育期间或多或少地遭遇过一些感统失调的问题，做事有些"笨手笨脚"，只是程度不同。

您家孩子也这样吗

九岁半的强强，爱疯爱闹，但真做起游戏时却总不如别的孩子做得又快又好，越是这样他的脾气就越大。

在学校因为书写问题长期被老师要求重写作业，后来对写作业这件事就出现各种畏难情绪。老师认为他拖了全班的后腿，对他的批评比较多，家长也为此压力很大。焦虑的情绪进一步影响孩子和家长，去年底，父母经过再三考虑后，给他办了休学。

妈妈说："孩子小时候我们带得比较少，后来上学遇到问题我们也比较焦虑，没有及时给他鼓励、减压，反而是妈妈吼、爸爸打……最后我们辗转求助之后，才发现，孩子居然是感统失调！"

认知关键

感官神经系统　感统失调　原动力　爱

人体的神经系统非常复杂，各种感觉交错在一起。在幼儿期，孩子还没有充分整合好各种感觉，也没有丰富的整合经验，比如，幼儿以为在眼前的球伸手去摸却发现没触摸到，眼睛与手经常会不协调，无法完成串珠、积木与拼图游戏等。幼儿的触觉与视觉会发生冲突，味觉与嗅觉也会错位，对事物的判断往往在内部的各种感觉上会自相矛盾，不能统一，所以需要统合。各种感觉统合不当，就会感统失调。

家长小课堂

人从婴幼儿时期到老年时期，几乎每时每刻都在进行着感觉统合。如果大脑对身体感觉器官输入信息的统合不良，身体感官与大脑的理解便会协调不佳，造成混乱，出现感觉统合失调现象，连带着情绪可能也会出现失衡的状况，幼儿则会表现出注意力不集中、动手能力不好、情绪不稳定等。

建议让孩子适当参加一些有助于感觉统合的游戏与体育活动，如双手投篮、走平衡木、跳绳、抛接球、走"之"字形路线等。 如果发现孩子在运动、情绪、交往等方面有问题，家长更应该让孩子多参加一些需要团队配合的体育运动或训练活动。

感觉统合训练机构很多，但建议**父母一定要深刻理解感觉统合的内涵，选择符合孩子兴趣和能力的游戏。**只有父母的爱，才能唤起孩子进行感觉统合的愿望，才是推动孩子进行感统整合的原动力。

16. 说脏话，竖中指，是学坏了吗

> **小贴士**
>
> 模仿，是孩子的天性。

您家孩子也这样吗

一个 10 岁男孩在北京某书店跟外国友人用英语聊天儿，影响了其他人的阅读。

书店工作人员善意提醒，却被孩子竖了中指。工作人员立马就火了。没想到男孩子竟然指着他鼻子说了一堆不堪入耳的脏话。

目睹了男孩的行为，母亲并没有正面管教孩子，也没有让孩子道歉，而是护着孩子走开，并对店员说："他还是个孩子……"

认知关键

认知　模仿　气质　个性　亲子关系

几乎所有的孩子，或早或晚都会接触到脏话和竖中指的场面，没有人能生活在"真空"中，面对这个事情是我们必须要做的。因为脏话让人不舒服，所以我们下意识的反应通常都是严厉制止或转移注意力。但是这两种方法其实收效甚微。越严厉制止，越容易让孩子陷入这种行为，越让家长手足无措，而转移注意力并没有真正帮助孩子认知这种言行，孩子依然会"反复发作"，也是隐患多多。

家长小课堂

脏话大多来自模仿。两三岁的孩子不懂也会模仿，5岁的孩子可能对脏话的字面意思理解得不那么确切，但至少他懂得这些脏话所表达的情绪。

孩子说脏话、竖中指通常有几种不同的情况：简单模仿，只为好玩；身边一些有影响力的人这样做，"震"住了其他人，孩子也想通过模仿来显示自己的力量；情绪的发泄，表达不满甚至愤怒；想引起别人的关注。

想减少孩子此类言行，要针对不同情况，区别对待：

净化环境。仔细观察一下，孩子是和谁学的。如果这个人是你影响得了的，那你要和他谈谈，请他配合。如果你无法改变这个人，也许你需要让孩子离这个人远一点，直到孩子彻底忘了这些不雅言行或掌握了更恰当的表达方式。

找替换词。当孩子有不雅言行时，你可以给孩子找到一些替换语句："你是想说'不喜欢，请走开'吗？"看看孩子的反应，你就会知道是否猜对了。如果猜对了，你就可以有意识地在生活中多使用你给孩子找到的替换词，给孩子更多的示范。

及时评价。你和孩子在一起时，如果你们同时听到有人在说脏话，看到有人竖中指，你要及时用恰当的语气告诉孩子："这样做，不文明，会让别人看不起。"当孩子说话显得彬彬有礼时，你也要给予恰当的鼓励："这几句话说得很好，很有教养！"

适时训练。抓住生活中的机会，教给孩子怎样表达才会受欢迎，甚至还可以就此进行一番演练，让孩子把讲道理变成自然而然的反应。

适当忽视。如果孩子的行为纯属为了引起父母的关注，我们则要审视自己是否对孩子关心不够。平时多和孩子交流，在孩子言行粗俗的时候则适当忽视。这样，孩子就不需要通过脏话来引起父母的关注了。当然，前提是已经告诉过孩子这些不雅言行是不对的。

17. 上幼儿园就"发烧",却查不出病因

小贴士

如果是因为人际冲突造成的心理压力,父母尽量不要当着孩子的面经常说这些事情,以免加深孩子伤痛的记忆。

您家孩子也这样吗

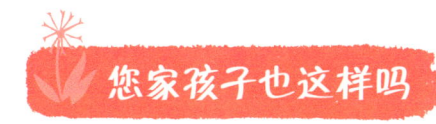

4岁多的平平，上个星期从幼儿园回来后，就表现出忧心忡忡的样子，非常不开心，与平时判若两人。最令家长担心的是他晚上睡觉都不踏实，整夜都重复着"妈妈我不去幼儿园"，就算睡着了，也很快就醒了，接着就哭着央求妈妈。这样的情况已经持续一周了。前两天甚至发了高烧，肠胃也有一些不适。去医院看过之后，医生说不是感冒也没有肠胃疾病。

爸爸妈妈实在没招了，跑去问老师孩子在幼儿园是否受到过什么刺激，老师说没有发生什么特别的事情。最后分析来分析去，这怎么看都是心理因素引起的。到底怎么办？

认知关键

突发性排斥　恐惧　恢复能力　记忆

什么原因会导致孩子突发性地排斥幼儿园呢？据调查，类似情况下孩子哭闹的原因往往是受到过老师很严厉的斥责，或小朋友之间的冲撞，比如被咬伤，或者在幼儿园看到让他感到很恐惧的动画片或其他形象，再加上一段时间以来身体本来就很虚弱，有时可能还有最依恋的家人外出让孩子感到失落等，于是，孩子在受到惊吓后才会发作。

家长小课堂

孩子这种情况像是受到突然的刺激后的表现，不同于长期喜欢在家"泡蘑菇"不愿上幼儿园的情形。总的来说，孩子哭闹，不愿去幼儿园的状况往往是短暂的，通常也就刚入园时会发生，然后就慢慢会适应幼儿园的生活了。

只要不是巨大创伤引起的哭闹，孩子基本不会出现精神问题。**幼儿期的孩子，心理恢复能力和适应能力都很强，他们很善于忘记不愉快的事情，**所以只要家长在孩子身体恢复后坚持送孩子，他们往往会很快适应的，家长不要过于担心。

为抚慰孩子，对于**孩子在哭闹期间提出的要求，建议父母要尽量满足**，对孩子的要求也要比平时稍低一些，当然，父母认为实在不合理的要求也可以拒绝。

如果孩子是因为人际冲突造成的心理压力，**父母尽量不要当着孩子的面经常说这些事情，以免加深孩子伤痛的记忆**。家长去幼儿园找老师和其他家长时，也要尽量理性地和对方沟通、交流，避免对孩子产生更多的负面影响。

18. 入园了还要穿纸尿裤站着大便

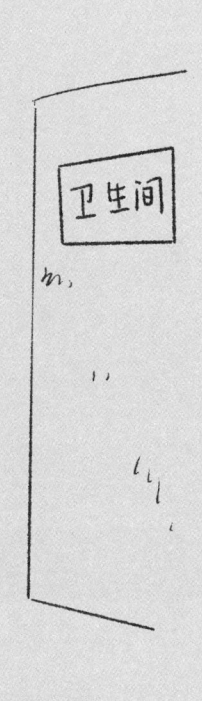

小贴士

如厕训练并没有所谓的"黄金期"。

您家孩子也这样吗

乔乔 2 岁半了，终于可以上幼儿园的小班了。本来可以等她 3 岁再入园，可家里实在没人照顾，只好提前半年就入园。本以为就此可以安心工作的妈妈，却迎来了新的烦恼。

同班的其他小朋友都能在小马桶里大小便了，可乔乔却必须穿着纸尿裤才能拉出来，而且必须要站着拉，不敢在外面上厕所。这导致孩子在幼儿园期间，宁可憋着难受，也坚决不去幼儿园的厕所，或者就苦苦央求老师给她穿纸尿裤。妈妈为此很着急，天天在家给乔乔进行突击训练，然而不仅收效甚微，还引发了孩子的逆反和恐惧，一提"马桶"就哭！

认知关键

心理压力　退缩　敏感　假象

独立大小便是一项复杂的技能，需要认知能力和生理能力的配合。如厕训练的目的，不是为了让宝宝脱掉纸尿裤，而是帮他学会在适当的时间和地点，自己大小便。这事可不简单，需要宝宝的语言能力、认知能力、大动作能力等发展到一定程度，比如能觉察和控制尿意与便意，能表达上厕所的需求，能准确估算走到马桶的时间，能坐到马桶上、脱裤子、蹲下等。有的宝宝要到 2 岁以后才会做好这些准备，也有的可能要等到 3 岁以后，并没有明确的时间规定。

家长小课堂

从心理学角度来说，大小便是孩子创造的第一个属于自己的东西。可以很好地掌控自己的创造物，并且快乐地大小便，涉及成年后的一些心理潜意识的建立。

大小便说到底是孩子自己控制的事情，如果变成了大人指示其大小便，就会让孩子产生逆反心理，训练更难成功。父母是帮助者，不是决策者。在开始训练之前，父母应确认自己处在空闲时，没有其他事情干扰。建议父母中与孩子性别相同的一方多给孩子示范上厕所，同时购买一些相关绘本，提前进行阅读，然后带孩子去选一个他喜欢的儿童马桶。试想一下我们成人坐在一个浴缸那么大的马桶上，是不是非常不自在？孩子也一样，成人马桶的尺寸对孩子来说并不舒服，双腿悬空会有不安全感，而且也不利于肌肉收缩。

教孩子关于上厕所方面的词汇，不要太复杂，最好是宝宝也能说、能懂的字眼，也**不要用暗含羞耻感的说法**，比如臭粑粑、你把尿布弄脏了吗？就简单地说"上厕所"就可以了。

接下来我们需要把孩子的感觉和行动联系起来。可以从早上第一次上厕所开始。大多数 2 岁左右的孩子，已经可以一夜不尿了。早上醒来时孩子的膀胱是满的，这时我们提醒他去厕所，就可以逐渐让孩子把膀胱满的感觉与厕所联系起来。总之就是你只能在孩子确实有尿意或便意时，再带他去上厕所，而不能在他没感觉时，或者说没有意识到自己的感觉时，强迫他去上厕所。

切记：不要频繁地问"你要便便吗？尿尿吗？"一定是切实地看到了信号再说。也不要总是对孩子说"有感觉了一定要告诉妈妈啊"这一类的话，孩子做不到的时候就是做不到，反而妈妈说的次数多了，孩子有厌烦感，容易产生逆反心理，就可能是越想上厕所越不想告诉妈妈。大人也可以观察一下孩子有没有规律的大便，比如有的孩子每次吃完早餐大概 20 分钟的时候，容易想大便。这时可以在这个时间，带他去上厕所，但是如果坐了几分钟马桶，孩子没有拉出来，不要强迫孩子继续坐马桶。慢慢来，也许 10 次里，只有两三次孩子刚好拉了。没关系，父母要有耐心。次数多了，慢慢孩子就能形成条件反射了。

　　这里也告诉大家一个小窍门，其实对于 2 岁的孩子来说，脱裤子还是属于一个不那么容易快速完成的动作，所以**如厕训练最好安排在夏天**进行。

19. 跟小朋友玩结婚游戏，是发育太早吗

小贴士

对"结婚"有一种朦胧的向往，是学龄前儿童的一种正常心理和生理反应。

您家孩子也这样吗

5岁的琳琳最近疯狂地"喜欢"班里的小男生俊俊。她告诉妈妈,她已经跟俊俊举行了婚礼,俊俊现在已经是她的丈夫了,所以她每天早上都要带一份礼物送给俊俊。同样,俊俊也会每天送给她一份礼物。他们的礼物有时是一粒糖,有时是一张贴纸,有时是一片树叶。

而琳琳上了大班后,甚至每隔一两个月都会结一次"婚",每次她都会回来告诉妈妈,现在谁谁谁变成了她的丈夫。

这可把妈妈愁坏了,孩子是不是过早发育了?

认知关键

恋爱 性别意识 结婚 爱情 青春期

对"结婚"有一种朦胧的向往,是学龄前儿童的一种正常心理和生理反应。 父母不必过分紧张,不能粗暴地制止,也不能心不在焉地一笑了之,而是应该把这个时机当作一个有利的教育契机。

家长小课堂

对于处于婚姻敏感期的孩子,家长和老师都可以试着跟孩子讨论一下男人和女人的角色问题,比如男孩可以当爸爸,女孩可以当妈妈,让大家展开讨论。当然,同时也可以告诉孩子,男孩和女孩的不同。女孩长大以后,可以生宝宝,可以当妈妈。当男孩和女孩长大了,都会跟相爱的人结婚,男的就成了丈夫,如果有了孩子,就成了爸爸;女的就成了妻子,如果有了孩子,就成了妈妈。还可以告诉已经"结婚"的两个小朋友:"你们现在还小,不可能像大人那样结婚,不过,如果等你们长大了,还很相爱,那当然就可以真正地结婚了。"

小学生正处在一个对爱情懵懵懂懂的阶段,如果我们不向正确的方向指引,或者我们对此始终讳莫如深,那么在好奇心的驱使下,孩子就很可能会做出一些错误的事情来。小学阶段的孩子,家长应着重对其进行男女生社交规则与界线的教育。

对于小学高年级或者中学生来讲,可以给他们一些适当的建议和引导,引导他们把握距离、明晰责任、理性看待对方的优缺点,自尊自爱,从而激发他们内心的动力,将他们引向追求真善美的正途。

20. 孩子自言自语，是精神病吗

小贴士

如果孩子过了五岁仍然自言自语，父母就要注意孩子的自我意识是否还停留在以自我为中心阶段了。

您家孩子也这样吗

快 4 岁的周周,遇到什么事都喜欢自言自语。比如他想要吃巧克力,在大人明确告诉他只能吃一块之后,他就会自顾自地对着空气嘀咕:"说不定,过一会儿妈妈就能再给我一块。一定会的。我必须要等……我要乖……"这时候如果家长回答"可以",他就会很开心地开始抱着玩具自言自语:"耶!我就知道妈妈会给我的!巧克力真好吃啊。我最喜欢吃巧克力了。但是不能吃太多,会睡不着觉……"像是对着玩具熊在说,又像是对着自己在说。

认知关键

自言自语　压力　语言　思维　挫折感　自我中心化　逻辑性　需求压力

思维是孩子的内部语言。当孩子的语言能力发展到一定程度,就会通过思维来分析、判断事物,同时,会借助自己发育得较为成熟的口头语言来表达自己的思维活动,于是,就会开始用自言自语的方式来和自己对话,表达自己心里正在想的事情。在因需求得不到满足而产生压力的时候,孩子也会借助口头语言来慰藉自己,来缓解压力,以便在延迟满足需求的这段时间里,对自己的失落进行一种补偿。

> **家长小课堂**

低幼期的孩子思维较为简单、黏滞，因此显得个性比较执拗，如果他想玩什么、吃什么，一定要实现，不可改变，不可替换。他的想法一旦没有得到满足，就会有很大的挫败感，然后就会哭闹，即使哭闹过后得到了满足，也像是受了很大的委屈。到了**四五岁后，孩子就会灵活变通多了。有的小朋友会在独自玩玩具或做游戏的时候，自言自语老半天，这都是幼儿阶段正常的心理现象**。如果孩子情绪平稳，感知觉敏感，智力正常，与人交往顺畅，这种自言自语的表现没有问题。

如果孩子**过了五岁**仍然这样，父母就要注意了。因为这时孩子的思维已发展得较有逻辑性，自控力也有所提高，对延迟满足的耐受能力也有所增强，与人交往能力不断增长，通常不需要借助口头语言来安慰自己和表达思维过程。如果这时孩子**仍然持续自言自语，可能意味着其自我意识还停留在以自我为中心时期，心理承受能力较弱，心智发育较为不足**。

为避免孩子个性的执拗和思维的黏滞，同时又不给孩子带来更多的挫折感，父母可以在适当的时候不给孩子第二块巧克力，而给他一个小点心、一块水果或一杯奶来代替。父母也可以陪他玩游戏、看电视、讲故事，或者做些消耗体力的活动比如爬行比赛，或者带他外出活动，以此代替第二块巧克力。

如果孩子有持续自言自语的行为，父母就要格外关注孩子的人际交往、自我意识发展、逻辑思维游戏训练以及总体的心智成熟度了，以使孩子尽早走出以自我为中心的误区，使孩子思维更具逻辑性，更能承受未能满足需求时的压力。

21. 欺负小动物，是淘气还是虐待

小贴士

孩子做出虐待小动物等残忍行为，往往是心理压抑的一种表现。

您家孩子也这样吗

一位母亲向我求助说:"我们家养了一只小狗和两只漂亮的画眉鸟,全家人都特别喜欢它们。可7岁的儿子却不喜欢,常常打它们,尤其是旁边没人时。我感到非常奇怪,我和爱人都性情温和,他怎么小小年纪就如此残忍呢?"

认知关键

哭泣　安全感　舒适感　寂寞感　安抚　习惯　信心

一般来说,孩子都是富有同情心的。但日常生活中,我们有时也会发现一些孩子有虐待行为,如捉到昆虫后把它们的翅膀揪掉、头扭掉等。

3岁以前有这种行为,一般是出于好奇和模仿,比如看了过年时家里大人杀鸡杀鱼,自己也想试试,但这时孩子的认知能力还很低,不能真正意识到自己行为会引起痛苦和破坏。但如果大孩子做出这种残忍行为,则很多是由于教育不当和受环境的不良影响。

孩子做出虐待小动物等残忍行为,往往是心理压抑的一种表现。如果孩子处于一个不和睦、充满敌意或关系紧张的家庭中,父母的争吵、对孩子的疏远,家人对小动物的生命的漠视、凌虐,都会使孩子产生心理压力和焦虑,为了缓解压抑,就可能会借助动物来发泄其负面情绪。

自卑感和被歧视感也会导致孩子虐待动物。这样的孩子常会借虐待动物来显示自己的"强大"，弥补内心的自卑，寻找畸形的心理平衡，或者借虐待动物来吸引别人的关注，引起他人的重视。

家长小课堂

了解孩子的压力来源，引导孩子正确处理压力和情绪。当一个人感受到压力的时候，会通过一些负面的行为发泄出来，所以在孩子虐待动物的时候，有可能孩子正处在压力之中。奥地利心理学家鲁道夫·德雷克斯说：一个行为不端的孩子，是一个丧失信心的孩子。孩子只有在感受到归属和爱的时候，才更容易发展出归属感和价值感。如果孩子通过不当的行为来引起父母的关注，很容易产生不良后果。因此家长只要正确引导孩子面对压力，教孩子处理压力的正确方式，就能很好地避免孩子的暴力行为和虐杀动物的行为。

加强与孩子之间的沟通。人与人相处，最重要的就是建立彼此的信任。那如何建立信任呢？要通过沟通来建立。当孩子还小，对社会还没有足够的认知时，家长就成了孩子的第一位沟通者与领路人。当家人发现孩子有虐杀小动物或者侵犯他人的行为时，要及时和孩子进行沟通，让孩子知道这样的行为是错误的，并且引导孩子做出正确的行为。

营造宽松、温馨、尊重生命的家庭氛围。孩子的教育环境对塑造孩子积极的人格是有很大影响的。一个温馨的家庭氛围会让孩子心情更愉悦、轻松，使孩子在处理事情的过程中，朝着更稳妥的方向进行。家长在对待动物的态度上，也要表现出爱护、尊重和珍视，不能让孩子觉得动物只是一堆肉，只是用来吃的。错误的言传身教会直接内化为孩子看待动物的方式。

22. 东西必须以同种方式放在同样位置

> **小贴士**
>
> 　　秩序敏感期，是孩子成长过程中的一个心理成长期。在这个阶段，孩子对秩序非常敏感，对物品摆设的位置、动作发生的顺序、人物的呈现方式、物品的所有权等有着近乎苛刻的要求。

您家孩子也这样吗

4岁的果儿,每天睡觉前都会把自己的衣服叠得整整齐齐,把鞋子摆放到地板的某条线上,如果看到爸爸妈妈的鞋子没摆好,就会走过去整理;见到桌上的花盆位摆歪了,会停下脚步给花盆归位;在幼儿园看到教具乱了,也会自觉地去整理。

有一天,幼儿园午睡时间到了,老师正指导小朋友们脱衣服,突然传来一阵哭声。原来是果儿。她边哭边说:"我的小床呢?我的小床去哪了?我的床呢?我的床去哪了?"看果儿哭得这么伤心,老师连忙告诉她床的位置。而果儿却委屈地看着老师说:"这不是我的床,根本就不是我的床!"老师问:"你怎么知道这不是你的床呢?小床都是一样的。"她哭着指着床说:"这上面没有我的名字。我只要我的床。"另一位老师连忙过来告诉她说:"果儿宝贝,你的床有点坏了,拿去修理了,隔壁班的小朋友今天请假,所以老师把他的小床挪到了这里。你可以把这儿当作你的床啊。"果儿哭得更伤心了,态度很坚定地摇了摇头说:"老师,我就要我原来的床!我只想睡在我的床上。"

认知关键

秩序 敏感期 强迫症

幼儿期的孩子经常因为一些小细节的变化而生气,可能是因为处于秩序敏感期。一般来讲，这一时期的孩子在建构内在秩序的同时，对外在的秩序如场所、位置、空间、时间、顺序、所有物、约定、习惯等，有着一种近乎顽固的追求。但这通常都是正常的，不是强迫症。

强迫症是一种病。真正的强迫症（Obsessive-Compulsive Disorder，OCD）是指存在强迫行为和强迫思维的病症。

家长小课堂

首先要从孩子自身的角度去理解并尊重孩子的秩序感： 对于已经认定的秩序，孩子会非常执着，如果家长强行破坏秩序，孩子就会更加焦虑不安。所以，爸爸妈妈要尊重孩子的秩序感，并尽量满足他们对事物的秩序要求，在不触及原则问题的基础上满足小朋友的需求。比如，让孩子安排家人吃饭时的位置；让孩子自己决定先穿上衣还是先穿裤子……让孩子对自己在意的事情有一定的掌控，可以培养他们的安全感。当孩子因为自己的秩序被破坏而哭闹时，家长不要急躁、发脾气，只要孩子的意愿是合理的、安全的，就应该允许他们重新做一遍。当孩子认定的秩序得以恢复时，他们的情绪也会随之平静。

要为孩子创造有秩序的环境： 在日常生活中，家长要让日常用品尽量做到摆放有序、位置固定，使用后及时物归原位。同时对于孩子熟悉的环境或者孩子自己的玩具等，家长最好不要频繁地变换位置。同时，家长也要为孩子做好榜样，尽量保持有条理和有秩序的生活，为孩子营造温馨、美好的家庭环境，让孩子有安全感。当然爸爸妈妈也可以和孩子一起规划日常用品或玩具的摆放位置，让孩子自己做决定。这样不仅可以培养孩子的条理性，还能培养孩子的物权意识。

23. 做作业太磨蹭

小贴士

　　十个孩子中，至少有七个孩子都有做事拖拉、磨蹭的毛病。因为大人对时间的理解和孩子对时间的理解，是完全不同的。有可能孩子只是在按自己的节奏生活与学习，家长却觉得孩子太慢，太磨蹭，因此给孩子贴上了"拖拉"的标签。教育过程中，不宜随便给孩子贴标签，更不能轻易放弃对孩子的积极引导。

第一章　孩子为什么这样说，这样做　　083

您家孩子也这样吗

王女士的女儿今年刚上小学一年级，做作业的习惯很不好。从晚饭后 7 点开始写作业，可以磨蹭到 10 点。大人催一下，她就动笔写几个字，要是完全不理她，她可以拿着铅笔、橡皮玩一晚上。

王女士说她也问过其他家长，知道小朋友或多或少都有磨蹭的问题，但对比下来，她女儿的问题真的很严重。她说别的小孩只要有家长监督就会乖乖写作业，她女儿常常写了不到 10 分钟，就要喝口水，或者上一下厕所。再这样下去，她担心会影响女儿今后的学习。小升初怎么办？中考、高考怎么竞争得过别人？

认知关键

睡眠　磨蹭示范　好动　精力　习惯

孩子容易受环境以及后天教育的影响，孩子身上的问题基本都能在大人身上找到根源。要知道，孩子在学校上了一天的课，既要遵守规章纪律，又要学习知识课程，其实已经很累了。回到家后，他最需要的是好好放松。如果要求他马上写作业，他难免就会走神、发呆、磨磨蹭蹭。

导致孩子磨蹭的，一般有以下三个原因：

一是对时间和规划没有概念。1 小时可以做多少事？完成一份作业需要多少时间？孩子对这些问题都毫无概念。所以他没有紧迫感，按照自己的节奏去做作业，自然就会做得比较慢，他自己也无法估量做得慢的后果。

二是家长对孩子干涉过多。有些家长在孩子写作业时，经常打断孩子，给他送杯水，或者提醒他做错了题，或者因为对孩子期望过高，发现他做得不好就严厉批评，导致孩子开始讨厌写作业。

三是孩子被卡在"情绪困境"里。情绪会影响一个人的行为，如果孩子陷于紧张、恐惧、害怕、愤怒等情绪中，他的拖拉情况会更加严重。家长应该先在自己身上找原因，不要总觉得是孩子的问题，而错过了帮助孩子解决问题的好时机。

家长小课堂

磨蹭是孩子在成长中的必经阶段，父母要从中发现孩子的进步空间。父母要有足够的耐心，给孩子足够的指导。任何一个优秀的孩子都离不开父母经年累月的培养与教育。孩子是催不快的，过度的催促犹如揠苗助长，适得其反。作为父母，我们要理解孩子的磨蹭，多给他一些成长与进步的时间，而且家长的指导应讲究方式方法：

第一，多鼓励。抓住孩子的每一次进步，不吝啬你的表扬与鼓励，告诉孩子："你真的很棒，动作越来越快，相信你明天一定能做得更好！"孩子最在乎父母对自己的看法。在父母的表扬与鼓励下，他们一定会全力以赴。

第二，速度测定法。布置任务时要指令明确，并且限定时间。可以在孩子面前放一个小闹钟提醒孩子。这周要用1小时完成作业,那么下周就用 50 分钟,下下周用 40 分钟,一点点缩短时间。如果孩子能在规定时间内完成,就给他一些奖励,否则就要缩短玩耍时间作为惩罚。

第三,让孩子"快得值得"。提前给孩子定目标,告诉他做到了有什么好事会发生,调动起孩子的积极性。奖励不局限于物质,只要是孩子感兴趣的东西或事情都可以作为奖励。将守时这种行为与孩子感兴趣的事情联结起来。当孩子享受到不拖拉、不磨蹭的好处后,就会慢慢养成高效的学习习惯。

教育是一个试错的过程。家长遇到问题不急不吼、保持耐心,孩子才会变得越来越好。

24. 男孩玩小鸡鸡，是性早熟吗

小贴士

过于频繁地干预孩子的感知觉探索与"自我抚慰"，是不明智的。

您家孩子也这样吗

马上满 4 岁的强强，好像特别喜欢触摸自己的身体，经常掏自己的耳朵，摸眼睛，把小手指头在嘴巴里搅来搅去，挖肚脐眼儿……这些都还能忍，妈妈最受不了的是强强经常玩弄小鸡鸡。看电视、看书、发呆、睡前……只要他脑子和手闲着，他就开始搞这些令妈妈抓狂的小动作。

这让强强的妈妈不禁开始担心，孩子是不是性早熟了？

认知关键

感知觉　认知　判断　自控力　自我探索

幼儿都有用手触摸身体某一个部位甚至摆弄身体的习惯，最常见的行为就是吃手指，也有的男孩喜欢摸小鸡鸡。这种行为在幼儿中是普遍现象，也是自然出现的，家长不要过度担忧。

幼儿期，孩子在发育身体，同时也在发育各种感知觉。通过看、听、触摸、闻、尝，幼儿的大脑得以发育，大脑细胞不断增长，开始认识事物的各种性质。通过发育感知觉，他们开始进行认知、判断。发育感知觉是幼儿学习和探索的重要途径，其中，触觉是幼儿敏感的感知觉之一。通过触觉，孩子可以感受钢丝球、海绵、丝绸、人的皮肤等各种事物的不同特性。

家长小课堂

　　孩子从幼儿时期开始，就非常渴望了解人体。他们很想通过与自己身体的互动，清楚什么时候他的皮肤会痒；按、抓、挤、挠到什么程度会疼；身体的疼痛感觉来自哪个部位……当幼儿的触觉变得更敏感时，他对体验生命的需求就会更强烈，就会喜欢接触令他好奇的身体，这是最自然不过的。

　　长时间、经常性地摆弄身体，其**原因就可能包含父母对孩子过于严厉，或者陪伴少了，孩子容易紧张不安**，会把摆弄身体当作释放压力的方式。比如当孩子把手指放到嘴里的时候，他会格外有安全慰。可以说，身体的某个部位是孩子紧张时候的"安慰物"。

　　孩子有摆弄身体的习惯，父母一定不要过于担忧，**绝大部分幼儿在上小学之前，都不再会对摆弄身体那么热衷**。因为那时孩子的感知觉、身体及大脑发育已比低幼时期更加稳定和成熟，自控力也增强不少，他们的兴趣开始转向对知识的渴求、各种动作的训练以及与小朋友的交往，对父母也开始渐渐信任起来，这使得他们的焦虑紧张程度得以缓解。如果父母过于担忧和关注，甚至经常呵斥孩子，可能反倒会强化孩子摆弄身体的习惯。

　　建议父母一定要注意保持孩子小手的干净，因为身体的任何一个部位都可能会因为孩子双手的摆弄而受到感染。当然，**对孩子摆弄身体的行为也不能过于忽略。随时对孩子的行为进行监控是非常必要的，如发现孩子过于频繁地摆弄身体，父母可以选择一个合适的时机和气而坚定地提醒他，但不要每次都提醒**，过于

频繁地干预孩子的感知觉探索与"自我抚慰"是不明智的。 最后，父母一定要注意自己的教养态度要温和、平静而有控制力，控制住了自己情绪、声调和动作的父母，给孩子的感觉都非常祥和，孩子即使天生容易紧张不安，也会渐渐摆脱"自我抚慰"的习惯。

25. 越禁止，越要做，家长怎么办

小贴士

人们往往对来之不易的东西更珍惜，小孩也一样。

您家孩子也这样吗

9岁的小男孩辰辰，不止一次被妈妈发现他放学回家后身上有烟味。妈妈担心极了，反反复复问他是不是抽烟了，他一次也没承认过，每次提醒他千万不能抽烟，他也闷声不接话。后来妈妈实在没办法了，偷偷在家里装了摄像头。没过几天，果然抓个正着：辰辰竟然从爸爸的烟盒里偷烟！这下无可抵赖，辰辰只好承认了，却也因此跟父母的关系疏远了很多。

认知关键

需求　欲望　动机　信任　规则　好奇心

禁果效应也称"罗密欧与朱丽叶效应"。就像罗密欧和朱丽叶的爱情，越禁止他们反而越要追求。对于普通人来说，也是一样，越被禁止的东西，人们越想得到。孩子对被禁止的东西也有同样的心理，这与他们的好奇心有关。

家长小课堂

看了辰辰的故事，再来对比下这个学钢琴的故事我们就更清楚了：两位家庭条件差不多的母亲，她们的孩子跟同一位老师学钢琴。由于家里都没有钢琴，孩子外出练琴很不方便，其中一个妈妈便主动给孩子买了钢琴，另一个妈妈则被孩子哀求了几次才同意买钢琴。实践表明，第二个家庭的孩子练琴更自觉，进步也快很多。

这是为什么呢？人们往往对来之不易的东西更加珍惜。后一个妈妈把孩子的需求变成了一种渴望，孩子可能一开始对弹琴并没有那么大的渴求，可是在几次说服妈妈买钢琴后，练琴的欲望就会更强烈。前一个妈妈错过了这种强化欲望的机会，后一个妈妈则很好地把握住了这个时机。孩子在索求的过程中，会形成一种欲求空白，这种空白会使他对未来的事物有一种强烈的召唤，会让孩子渴望未来的所得，因而更珍惜可能获得的东西。为一个东西付出了多少，这个东西就有多珍贵，也是这个道理。

禁果效应的运用，不能太频繁。如果对孩子提出的每一个要求都拒绝，事后才同意，孩子就会慢慢开始质疑大人的动机，继而对父母不信任。因此，在日常不重要的事情上，就没有必要使用禁果效应了。

父母在什么时候管教孩子，什么时候适当放手，其实是一门艺术。**该严的时候能严，但该松的地方管严了会起反作用。**

让孩子知其然，更要知其所以然。如果没能从本质上认识问题，那规则是很难自觉遵守的。如果父母多教给孩子一些他们需要知道的知识、道理，不仅能让孩子知道应该怎么做，还能让孩子明白为什么要这样做，那么他们就不会对未知的东西产生不合理的好奇心，对违背规则的冲动也会减少很多。

让孩子知道必要的安全规则。安全用电、安全过马路、不乱动刀具、防止私密部位被陌生人触摸，这些都是非常重要的安全知识，父母有义务跟孩子重复声明，不能让孩子碰了钉子再醒悟。

后果可承受的事，让孩子自己去尝试，接受后果的教育。有些时候，比如孩子闹情绪不想吃饭，或者执拗地要穿不合季节的衣服，或者用很复杂不切合实际的方式去做某些事情，只要不涉及安全问题，父母都应该让孩子慢慢尝试，知道做什么事情会有什么结果。不吃饭会饿，冬天穿太少会冷，孩子一旦有了认识，就会知道下一次应该怎么做。

为孩子提供如何去实现改变的具体方法。孩子坚持要做错误的事情，很可能是因为他们不知道如何拒绝，如何改变。就像案例中的辰辰，有可能就是他身边的朋友给他发烟一起抽，不抽就不够意思，这时候他该如何认知？如何拒绝？如果大人没有提供方案，那以他的年纪和所处的情境，他是很难抽离的。

26. 要挟大人，不给奖励就捣乱

小贴士

如果父母的奖励太大，孩子每次都只盯着奖励去做事，那么不给奖励的时候，孩子就再也不会去做这件事了。

您家孩子也这样吗

五年级的小军，特别喜欢玩手机，周一到周五躲被窝里玩，周末更是玩得停不下来。妈妈和他约定了玩手机的时间，孩子不干。父母保管手机，孩子也不干。而且小军还说如果不把手机给他，他就不去上学了。

被逼无奈，爸爸开始了"利诱"。只要不玩手机，就奖励零花钱。1个小时不玩，奖励10块，照此累计。刚开始还好，后来孩子不断提高要价，有了钱之后甚至开始偷偷地攒钱买手机……

这下子爸爸妈妈彻底没辙了。孩子软硬不吃，该怎么办？

认知关键

扇贝效应　适度　规则　需求　满足　成瘾　奖惩

孩子的"不给糖就捣蛋"行为，在心理学上是扇贝效应。扇贝效应指的是，人会根据奖励的多少，调整自己工作的高峰和低谷。间隔奖励会影响工作的规则，从而使工作更有效率。有规律地奖励，就像是扇贝的张合一样，会让工作张弛有度，实现收益最大化。

对于孩子来说，这种张弛有度，有时候并不是主动选择，而是被动适应。如果父母能好好制定规则，那么对于孩子的学习是很有帮助的。这种规则包括正面刺激和负面刺激。正面刺激指的是对做得好的事情给予奖励；而负面刺激是指对做得不好的事情进行惩罚。正面刺激能让孩子养成良好的学习习惯，负面刺激则能让孩子慢慢脱瘾，比如慢慢脱离看电视或者玩电脑的瘾。

家长小课堂

父母很好地运用这一规律，能帮助孩子迅速培养一个好习惯，或者慢慢戒掉一个坏习惯。孩子在这一过程中，因为情绪有张有弛，所以也不容易有过于强烈的逆反。

该如何奖励，需要技巧，但不是所有的父母都正确掌握了这一技巧。每个孩子对奖励的反应不一样。有些孩子喜欢玩具，有些孩子喜欢吃美食，还有些孩子更喜欢父母的陪伴和拥抱。对于父母来说，需要注意以下几点：

适当强化，张弛有度。父母如果持续地督促和奖励，这种催促和奖励的价值会减少。如果是能考核的内容，父母可以规定一个定期考核，并让孩子知道考核的时间期限。这时候孩子的眼前就像有了很多"小目标"，他知道自己具体应该做什么，做到什么程度会有奖励。

奖励不要超过事情本身的乐趣。奖励只是起到一个引导的作用。孩子只有慢慢从做事中得到乐趣，才能把事情做到更好，并坚持下来。如果父母的奖励太大，孩子每次都只盯着奖励去做事，那么当不给奖励的时候，孩子就再也不会去做这件事了。只有奖励给得适中，才能达到最好的效果。父母可以在日常生活中留意孩子喜欢什么，将奖励变成一种鼓励。

灵活掌握规矩，适时奖励。对父母来说，在适当的时候，也应该调整规矩，毕竟规矩是死的，人是活的。有时候孩子即使做得不好，也可以给予适当的鼓励和奖励。父母还可以变换方式给不同的奖励，比如有时候用物质奖励，有时候用精神奖励，让孩子有新鲜感，也避免孩子把某种奖励和做事紧密地联系在一起。

陪孩子时，不玩手机：当家长在陪伴孩子的时候，无论是陪写作业还是陪玩，可以提前将手机静音，并且不让手机暴露在孩子眼前，保证家长的陪伴是一心一意的。

孩子闹脾气时，不拿手机哄：孩子是情绪多变的物种，有时候谁也没惹他，他自己一个人生闷气或者来闹闹你，家长觉得烦，怎么哄都不听，这时候就祭出了大法宝——手机。而孩子的手机瘾多半就是这样染上的！

家长态度要坚定：如果家长已经开始解决孩子玩手机的问题，态度一定要坚决！要让孩子看到你不达目的誓不罢休的决心！

同时，在达成约定的过程中，要尽量听取孩子的意见，千万不能把"约定"变成父母单方面的"命令"。

27. 一到关键时刻就"掉链子"

小贴士

当一个人得失心过重的时候，很容易发挥失常。如果心里一直惦记着"只能成功不能失败，要不然会让父母和老师失望"，反而更容易失败。

您家孩子也这样吗

最近老是听到邻居小科的妈妈说:"小科平常总是小考发挥得好,成绩也出色,但是一到大考就不行了。一遇到大考,孩子的发挥就比平时的小考差了很多。这是怎么回事呀?"前两天在家长会上又听到别的家长说孩子平时表现也挺好的,可是一到重要时刻就不行了。这到底是什么原因导致的?

认知关键

过度紧张　心理暗示　放松　焦虑

孩子在大考的时候总是考不好,有很多原因。父母如果排除了其他原因(比如平时抄作业等),那么结果就会集中在孩子的心理承受能力不足上。这时候,父母应该在一定程度上帮助孩子打破这种紧张。

家长小课堂

不仅在运动员身上,很多孩子在考试中也会出现类似的情况。平时成绩不错,但是一到重要考试的时候,成绩就比平时差很多。父母往往笼统地将其归为心理素质不好,而对于应该怎么应对,却一筹莫展。

教给孩子正面心理暗示。在紧张的时候,有些人会不停地对自己说"不要焦虑""不要紧张",但是这样一来,注意力反而放在了"焦虑"和"紧张"上,起到反作用。此时正面的暗示,比如"我准备好了""我很平静"等反倒相对更有效。当孩子面临重要考核,很紧张的时候,父母可以教孩子学习让自己放松的方法,比如,调整呼吸,闭上眼睛想象自己成功的样子,或者哼一首歌,都可以达到很好的放松效果。

先提前预演一遍。在很多考试前,大家都有"踩点"的习惯,也就是提前去考试的地方看看教室和位置。这种"踩点"不仅仅是为了熟悉考试地点,更起到了一种预演的作用。这种预演能减少不确定的因素,以便在正式考试的时候,考生能把注意力放在考试上,不会太担心其他周围的因素。在考试前,将生物钟调整到考试时间或者做一套模拟卷,都会达到预演的效果。

帮助孩子调整心态。当一个人得失心过重的时候,很容易发挥失常。如果心里一直惦记着"只能成功不能失败,要不然会让父母和老师失望",反而更容易失败。在考试前,父母如果发现孩子很紧张,就不要再跟孩子一直提及与考试相关的事情,否则会给他更大压力。适当帮他转移一下注意力,谈论一些其他事情,有助于孩子调整他自己的心态。

28. 过分注意外表

小贴士

　　小孩过度追求外貌的美，不仅会影响到他们的正常学习，同时还会对小孩的身心发展产生负面影响，因此家长也要对孩子进行正确的引导。

您家孩子也这样吗

妈妈发现10岁的女儿开始喜欢打扮自己，每天早上都会精心搭配校服里面的衣服，在洗手间会花很长时间，也不清楚她在里面做什么。

以前女儿对自己的穿着没有什么要求，基本妈妈买什么穿什么，现在则要求自己挑选，还会通过网购为自己挑选衣服。在这位妈妈看来，女儿选的衣服不太符合学生的身份，虽然女儿自己在网上购买衣服都会挑选相对便宜的。妈妈觉得爱美可以理解，但是在穿着打扮上花过多时间，就不太能接受，况且现在孩子的主要任务是学习，心思应该花在如何提高成绩上，而最近孩子的成绩下滑比较明显。这该怎么办呢？

认知关键

形象　攀比　自我认知　比较　完美　自信心

注重形象，这本来是一个好事情，因为形象代表着一个人的精神状态，展现的是一个人对生活的态度，以及对未来的期望。但是有的孩子在原本应该上学的阶段，却把过多的时间花在外貌上，这样就会影响到学习。

家长小课堂

孩子过度重视外貌，喜欢打扮，慢慢地就容易出现攀比心，喜欢与他人比较。比比自己的衣服和别人的哪个更好看，甚至还会开始比较化妆品以及家里的经济条件，这些对他们的身心发展无益。对此，家长要对孩子进行正确的引导。

孩子的年纪比较小，正确的价值观还没有树立起来，如果家长没有及时引导，那么当孩子初次接触社会的时候，就很容易盲目跟随别人的脚步。

家长要引导孩子接受自己的不完美。**孩子过度重视自己的外表，是因为难以接受自己身上不完美的地方。** 因此，父母应告诉孩子，每个人的外貌都各有优缺点，这很正常。**家长在日常生活中，谈论他人外貌时，不要夸张外表的重要性，否则孩子会容易以父母的好恶为标准，希望改变自己的样貌。家长应让孩子知道，比起改变外表，最重要的还是拥有一颗强大的内心。** 这样不管未来遇到什么事情，都能更从容、更自信地去面对。

孩子长相出众一些，的确是一个加分项，但不管怎么说，除了长相之外，家长还是要注重孩子综合素质的发展。毕竟要想在社会上拥有一席之地，最重要的还是个人的能力及智慧，只有这样孩子才不会在竞争中被淘汰。

29. 提问、提问再追问，问个不停

小贴士

有时候，孩子的提问可能不是为了求知，比如一些类似死循环似的问题，孩子一直缠着大人问，其实不是想知道答案，而是想寻求家长的关注。

第一章 孩子为什么这样说，这样做

您家孩子也这样吗

死循环似的问题，孩子一直缠着问。

比如"为什么要上幼儿园？"这是3岁的小航每天去幼儿园的路上经常会问的问题。妈妈总是耐心给他解释上幼儿园的好处："可以学知识，可以交朋友，可以玩各种各样的玩具……"可妈妈不论怎么回答，他还是追着问："为什么我要上幼儿园？"而且妈妈回答得越多他越难以接受，甚至生气哭闹。

认知关键

求知欲　关注　探索世界　抗拒规则

通常大家都会觉得孩子问问题就是想知道答案，其实未必。孩子的很多问题确实是为了探索世界，是在满足自己的求知欲，但生活中还有一些孩子的提问可能不是为了求知，而是求关注。

家长小课堂

本案例中的小航并不是想知道"为什么要上幼儿园"，而是想知道"可不可以不上幼儿园"。面对孩子这样的提问，比起苦口婆心讲述上幼儿园的好处，不如给孩子个拥抱，告诉他妈妈有多爱他，会在什么时候来接他，给足孩子安全感，让他可以放心地待在没有妈妈的环境里。

另外,这种死循环式的提问也是孩子表达情绪的方式。对于家长来说,**重要的是读懂潜台词,别跟孩子讲道理。** 当孩子明显只是想引起关注时,停下手里的事情,认真地倾听,有时候孩子需要的不是答案,而是被重视。

4岁前的孩子还不具备理性思维的能力,他们的行为受感性思维指导,怎么开心怎么来,是没有办法听家长讲道理的。这个时候跟孩子讲道理,只会激怒他们。我们需要先共情,说出孩子的潜台词,让他们知道我们听懂了他们的需求,再去跟他们商量怎么解决。

如果孩子问问题,真的是为了获取知识,这里其实有不少事半功倍的应对方法。

首先,**你不可能对每个问题都进行详细的回答,而孩子有时候只需要一个很简单的答复,而非过多的解释**。如果你现在实在没有精力去回复他们,不要敷衍他们,给一个简短的答案,可能就可以迅速满足他们。比如孩子问"妈妈,为什么晚上才有月亮啊?"与其用"不知道"或者"因为月亮就是晚上才有啊""一天哪儿来这么多问题"之类的回答来搪塞他们,不如很简单地说:"因为白天太阳太亮,晚上才能看得到月亮。"孩子会很敏感地察觉你是不是在敷衍,而敷衍的回答往往会引起不满,让孩子为了寻求关注或者表达情绪而问更多的问题,让你更难解脱。相反,**简短的回答会让多数孩子迅速得到满足**。

但是,如果你现在有时间,可以进行高质量的陪伴,简短直接地扔一个答案给孩子,实在不是最理想的方式。**其实每次孩子的提问,都是一个特别好的机会,可以帮助他们增加一些对这个世界的认知,学会一些探索世界的方式**。

30. 怕黑、怕人、怕外出，什么都怕

小贴士

糟糕的夫妻关系，会让孩子严重缺乏安全感。

您家孩子也这样吗

老李和妻子商量要把8岁的儿子"驱逐"出卧室,让他独自睡。理由是都二年级了,男孩分床睡,早点好独立。一开始妻子也是支持的,还帮儿子收拾好了床铺。

可儿子却对分床特别抗拒。大冷天的,儿子穿着睡衣,抱着被子,可怜巴巴地说:"妈妈,我怕黑。"孩他妈忍不住买了一个小夜灯,准备放在儿子房间。可老李觉得夜灯对孩子身体不好,不能用,还批评儿子:"男子汉,怕什么黑!"

没过几天,孩子妈妈要出差,便任由老李照顾家。然而出差回来后,妈妈却发现儿子像变了一个人,没有以前活泼了,甚至还有点食欲不振。老李说,连续两天晚上尿床了。原来,为了锻炼儿子的胆量,老李把卫生间的夜灯也关了。儿子害怕,不敢去洗手间,憋不住了,只能尿床了。孩子委屈地跟妈妈抱怨说:"这不是爸爸,是魔鬼!"

就这样,这个孩子在怕黑这条路上越走越远了……

认知关键

心理暗示　想象　恐惧情绪　接纳　退缩　成就感　夫妻关系

当孩子恐惧情绪严重时,家长应该去了解:他究竟怕什么?孩子可能是怕一些天然的事物。一般来说,突发性的、变化快的事情,都会让孩子感到害怕。

家长小课堂

那么，当孩子出现这些状况时，父母该怎么办呢？

对于天生胆小、害怕自然现象的孩子，家长首先要接纳孩子的恐惧，帮他们慢慢地克服。如果孩子怕黑，父母可以抱着孩子，心平气和地说："小朋友都怕黑，如果你睡不着，可以叫我，我会一直陪着你。"当孩子看到父母了解且接纳了自己的情绪，他的恐惧感就会减弱。同时，可以从客观条件入手，比如每天把卧室灯光调暗一点，或者让孩子卧室的门开着，而后每天关小一点，让他逐步适应。这样，孩子怕黑的状况就会渐渐得到缓解。

对于在陌生环境中表现出胆小的孩子，家长要多鼓励他们去尝试，增加自信心和成就感。比如，如果孩子不敢举手发言，父母可以在家里鼓励他多练习。告诉他，家是安全的环境，即使错了也不会有人嘲笑你，要勇于举手，大胆地去表达。一旦孩子做出正确的举动，要立刻鼓励表扬。下一次，他们就会变得更加有信心。研究表明，经常被父母鼓励和拥抱的孩子，长大后会更加自信、开朗。鼓励，是最好的教育方法之一。

对于因父母简单粗暴的养育方式或家庭关系不和谐而变得胆小怯懦的孩子，首先要改变家庭氛围。夫妻关系对孩子的影响大于亲子关系。心理学家指出，孩子成年以后的安全感，主要来自年幼时和父母建立的亲密关系。所以，父母即便吵架，也尽量不要当着孩子的面。在充满爱、接纳、鼓励的环境中长大的孩子，一定会变得自信满满，落落大方。

31. 孩子有社交恐惧吗

小贴士

最好的社交教育其实是在家里。给孩子多些信心和时间，让我们和孩子共同成长，一起走出"社交困境"。

您家孩子也这样吗

刚上小学一年级的小山，最近哭闹着不肯再去上学。妈妈仔细一问，才知道他在学校交不到朋友，感到很孤独。

因为疫情的原因，开学后小朋友之间要保持距离，不能靠太近，也不能玩集体游戏。所以课间在操场上，小朋友玩你追我跑的游戏，他怕被批评，不敢参与，想说服其他小朋友和他玩滑滑梯，别的小朋友又不愿意，说了太多次别人都烦了，不理他了。

"妈妈你知道吗？我宁愿多写100倍的作业，也不希望没有朋友。"妈妈听了儿子的话，眼泪一下子就涌到了眼眶，差点哭了出来。

认知关键

社交 陪伴 自信 兴趣 勇气

家长们发现孩子过于孤独，一定要多陪陪孩子，锻炼孩子的胆量，鼓励孩子勇敢，让孩子有自信去面对外界的人和事。

家长小课堂

良好的社交能力，建立在强大的自信心之上。为了培养孩子的自信心，家长应注意以下几点：

不要把小孩子管得太紧，他做什么事都去干涉，也不能动不动就骂他，这样时间长了会让孩子变得胆小怕事，因为不管他做什么都可能被家里人骂。

可以多带孩子出去玩，在玩的时候，碰到事情就教他应对方法，让他自己动手，等他能理解你的意思以后，就要告诉他，哪些红线是不准碰的，其他的不太重要，不危险的事情让他自己去处理。

孩子做对的情况下要表扬，不会做的时候，你可以引导，做错了你要告诉他为什么错了，别动不动就打击他。

然后家长可以从以下几点来提高孩子的社交能力：

有意识地**帮助孩子创造轻松的社交环境**。比如家里来客人了，家长可以鼓励孩子接待客人，孩子有喜欢的朋友，可以帮助孩子制造和朋友一起玩的机会。

如果孩子在社交方面有好的表现，家长应该及时表扬和鼓励孩子，**帮助孩子建立社交自信**。

如果孩子在交朋友的过程中遇到了困难，可以先鼓励孩子自己去解决，**帮助孩子培养独立解决问题的能力**。当然，如果实在解决不了，家长一定要给孩子一些实用的建议。

孩子间的冲突让人难受，但也正是冲突才让孩子们学会如何社交。父母要学会放手，**让孩子尝试独立处理矛盾**。同时，我们也可以提供必要的支持和引导，比如教给孩子基本的社交技巧。

32. 沉迷短视频

小贴士

孩子们可以把短视频作为一种娱乐放松方式，但绝不应该被其左右。

您家孩子也这样吗

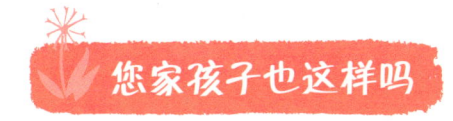

小雪今年五年级，在寄宿学校上学，每两周放假一次，回家就抱着手机不放手。小雪的妈妈心疼孩子在学校学习很累，回家也愿意让她放松一下，但孩子对手机的沉迷程度让她无计可施："烦死人了，放学回家就拿着手机刷短视频，我和孩子她爸想尽了各种办法，但也就是头几天表现挺好，之后还是老样子，就连和我们走在街上、逛商场时，她也一直拿着手机玩。说也不听，骂也不行！"

认知关键

自控力　成瘾　积极引导　以身作则

短视频成瘾，跟孩子的自控力不够有直接关系，而解决这个问题，则需要家长以极大的耐心积极引导并以身作则。

孩子沉迷短视频是近几年家长非常头疼的问题，国家相关政策规定了手机、平板禁止带入课堂。那么孩子在家时，家长应该怎么办？如果放任不管，孩子自控力差，后果难以想象。如果断网、没收手机……一不小心就会发生"家庭战争"。

家长小课堂

如何预防和改正孩子沉迷短视频呢？

正确引导。家长要主动学习，寻找与孩子的共同话题，这样才能更好地引导孩子正确上网、正确看待短视频。许多家长一方面担心孩子沉迷短视频；另一方面又担心强制管束会适得其反，往往拿捏不好度。其实，最好的方法就是走近孩子、了解孩子。家长可以推荐一些生活小技巧等有意思、有意义的短视频，并提议一起按照视频里介绍的方法做家务、做手工、学知识。这样孩子验证了视频里的方法行之有效或学到知识后，会产生强烈的成就感。

培养正确的价值观。孩子"三观"尚未成熟，而偏偏这个世界上，消磨时光的东西又太多，不是光远离短视频就万事大吉。更重要的，是帮助他们树立正确的价值观，教会孩子如何在网络世界里选择、判断和思考，建立自己的价值体系。当孩子学会珍惜时间、体会到知识的力量时，他们就不会被网络上的花花世界迷了眼，也不会轻易被一些娱乐工具牵着走。孩子们可以把短视频作为一种娱乐放松方式，但绝不应该被其左右了心智。

转移孩子的注意力。很多孩子之所以沉迷于网络无法自拔，归根结底是父母的陪伴和沟通不够。父母可以积极安排一些亲子活动。建议闲暇时间，和孩子做做这些事情：运动、旅游、聊天、听音乐、做游戏，等等。

约法三章，制定一份手机使用守则。孩子沉迷手机，多数家长都采取过粗鲁的方式：没收手机、砸了手机，怒不可遏时还打过孩子。哭过，闹过，绕了一圈，发现问题仍在原地等你。其实，这些方法都不如事先与孩子约定手机使用时间来得有效。家长可以抽出 10 分钟制定一份手机使用守则，例如：

① 不能用手机的时间。手机不可以带去学校，学会和同学面对面交流，学习基本的生活和社交技能。

② 需要限制手机使用的时间。控制孩子玩手机的时间，至于具体玩多久，可由家长和孩子商量后共同决定，但注意不得在写作业、上课、睡觉时间玩手机。比如：周一至周五19：30～20：00，周末20：00～21：00，该时段允许孩子自己支配手机的使用，晚上10点到第二天早上7：30锁屏或者关机。

③ 遵守约定要奖励。如果孩子遵守了手机使用规则，除口头的表扬外，可以给予一些奖励，如孩子想要的课外书、一盒水彩笔、一个期盼已久的玩具等。

家长要以身作则。有些家长不禁会说，我试过和孩子约定手机使用守则，但是没有用。那是因为孩子觉得这份守则只针对自己，太不公平了。在孩子禁玩手机期间，请家长陪着孩子一起坚持！也就是说家长要以身作则！陪孩子时，不玩手机。当家长在陪伴孩子的时候，无论是陪写作业还是陪玩，可以提前将手机静音，并且不让手机暴露在孩子眼前，保证家长的陪伴是一心一意的。

孩子闹脾气时，不拿手机哄。孩子是情绪多变的，有时候谁也没惹他，他也会自己一个人生闷气或者来骚扰家长。家长觉得烦，就祭出了大法宝——手机。而孩子的手机瘾很多就是这样染上的！

家长态度要坚定。如果家长已经开始对孩子的手机使用进行管理，态度一定要坚决，要让孩子看到你有不达目的誓不罢休的决心。

同时，在达成约定的过程中，要尽量听取孩子的意见，千万不能把"约定"变成父母单方面的"命令"。

33. 喜欢恶作剧，反抗一切指令

小贴士

对父母来说，最重要的就是能够做到自始至终都有耐心，总是用欣赏的眼光看待孩子的每一次努力，不管其努力的结果是失败还是成功。

您家孩子也这样吗

磊磊是个很淘气的小男孩,经常被幼儿园老师和小朋友的家长投诉。

在幼儿园上课时,磊磊喜欢发出怪声或做怪样,想用扰乱课堂秩序的方法吸引小朋友的注意。活动时间,小朋友用积木搭高楼,磊磊上去就给推倒。见别的小朋友玩玩具,他也伸手就抢。有时小朋友们一起做游戏,磊磊故意走过去把小朋友绊倒,或去拽小女孩的辫子。每每把小朋友弄哭,他还会摆出一副得意的样子,老师说他,他也不听。

在家里磊磊也是常干调皮捣蛋的事。最近几天磊磊妈妈发现整卷的卫生纸都被扔到马桶里,便问磊磊是不是他干的,磊磊一脸坏笑地说:"不知道啊。"后来妈妈亲眼看到磊磊把新放的卫生纸往马桶里扔,批评了他,他还表现出很强烈的反抗情绪,拒不认错。

认知关键

反抗 权力欲 威慑 需要 耐心

反抗心理特别强的孩子是不愿意被别人强迫的。他们自己的权力欲本身就很强,这样的孩子喜欢由自己来支配一切。他们宁愿等自己完全有把握的时候再尝试着去做,性格固执,天生难对付,需要家长有耐心、有策略地对待。

家长小课堂

这种类型的孩子需要父母花费更多的时间和精力来帮助他们。

建议父母在孩子过分淘气时坚定制止,把他抱离现场,让他感受到你强大的身体力量和内心坚定的意志,这样对他的散漫无礼是一种威慑和约束。

此外,做父母的还要在孩子最需要的时候给予支持和帮助,比如孩子需要父母的爱抚时,再比如玩游戏遇到困难时等。当孩子感觉做一件事情对他来说有点难,而父母帮助孩子把事情做完时,亲情就更深厚一层,此时再教育孩子,孩子也更容易听得进去。

对父母来说,最重要的就是能够做到自始至终都有耐心,总是用欣赏的眼光看待孩子的每一次努力,不管努力的结果是失败还是成功。反过来,如果强迫孩子就会使情况变得更糟,孩子的抵触情绪就会变得越来越严重。

所以,当固执己见的孩子最后终于答应与父母合作的时候,父母要让他知道自己有多么高兴。即便一开始孩子的心里很不情愿,但是父母的情绪会影响着他,他自然也会高兴起来,等下一次合作的时候,就会更加顺畅和愉快。

34. 喜欢炫耀，惹人厌

小贴士

家长千万不要以为孩子小就没有虚荣心，其实人的虚荣心是天生的。

您家孩子也这样吗

幼儿园大班的瑶瑶，有一天是全班第一个来到幼儿园的，就跟老师说："老师，今天我是第一名。"老师表扬了他。没一会儿，瑶瑶又去跟别人说："今天我来得最早，是第一名。"逢人就说，说了几十次，都说不腻。

瑶瑶妈妈也很注意对她的培养，常常在亲戚、朋友面前夸赞她成绩好。瑶瑶自己也很聪明，学英语，学舞蹈，样样都行，她也因此常常跟别人炫耀学习成绩，还常常用她所学到的知识来考别的小朋友。渐渐地，妈妈感觉到瑶瑶身边的小朋友、家长和老师都开始渐渐疏远她了。难道这些人都见不得别人好吗？

认知关键

炫耀　自我意识　虚荣心　欲望　言行夸耀

炫耀这种心理在日常生活中还是挺常见的。从儿童身心发展的角度来讲，随着小孩子自我意识的不断发展，他们的表现欲也会越来越强，会越来越关注自己，愿意积极地去表现自己，再加上孩子由于年纪比较小，在家庭中一直是处于被保护的地位，孩子已经习惯了以自我为中心。所以有时候孩子会特别喜欢跟朋友们炫耀，这种炫耀也来源于孩子的表现欲。

心理学上有一种观点：社交的本质是炫耀。家长千万不要以为孩子小就没有虚荣心，其实人的虚荣心是天生的。小孩子在跟其他孩子交往的时候，会忍不住炫耀自己的新玩具、新衣服等，这些都是孩子虚荣心的体现。只不过孩子的思想比较单纯，他们根本意识不到虚荣心的存在。

家长小课堂

首先，**父母需要适度调控孩子贬低他人、吹捧自己的欲望，比如对孩子的夸耀言行表现得较为平静，既不过度承认，也不过分压制**。

其次，**要恰如其分地表扬孩子**。当其他小朋友还在费劲儿做事，而你的孩子已经完成的时候，或他做得比较好时，可以点头承认和肯定，要着重赞赏他所做出的努力，而不是对他说"你拍球比其他人拍得都多"或者"你得到的小红花最多"。恰当的表扬方式是告诉他："你确实非常努力，所以你很快就学会了。"

最后，**还要经常引导孩子考虑他人的感受**。在自我炫耀和维系友谊之间，引导孩子进行巧妙的处理，将是孩子走出自我、关注他人，开始社会化的良好开端。

总之，炫耀不利于孩子树立正确的价值观和建立良好的人际关系。如果发现孩子格外地喜欢炫耀，那么家长要引起重视，多关注一下孩子的心理健康。如果孩子是因为虚荣而炫耀，那么家长就要设法疏导孩子的虚荣心，如果孩子是因为自卑而炫耀，那家长就要关注一下孩子的自信心了。

35. 遭遇霸凌

小贴士

霸凌的本质是弱肉强食。许多被欺负的孩子，都是在集体中毫不起眼或相对弱小的。

您家孩子也这样吗

"我真的不想上学了!"刚升入小学四年级一个多月的露露带着抽泣的声音走进了我的工作室。

我急忙关切地问:"别着急,慢慢说,能告诉我原因吗?"

"我受到了校园霸凌,反正就是不想上学了!全班同学都在针对我、孤立我!我已经给我妈妈打了电话,让她今晚就把我接走。"

认知关键

校园霸凌　自尊　欺凌行为　儿童社交

校园霸凌并不罕见,我们看到的很可能只是冰山一角。最可怕的是,校园霸凌有时很难被家长、老师发现。一方面是因为被欺凌者被恐吓、威胁,不敢说出自己被霸凌的事实,或者是说出来也很难被重视。很多人认为,校园霸凌只是辱骂和肢体伤害,其实被排挤、羞辱、污蔑、压迫等,只要是身体和心理受到伤害,全都属于校园霸凌。在霸凌行为中,大多数的施暴者年龄比较小,缺乏同理心,认知能力较低,根本意识不到自己是在霸凌他人。同时,对一些家长和老师来说,学生是简单的、单纯的,不存在校园霸凌的。"多大点事啊?没那么夸张吧?""小孩子打架而已,算事吗?"

家长小课堂

没有哪一位父母愿意自己的孩子受到霸凌。**孩子在学校受到霸凌，可能会出现以下几点信号：**

1. 孩子不愿意去上学，或者参加学校活动。
2. 从来不谈论自己的朋友。
3. 物品经常丢失，又找不出理由。
4. 衣服经常破损。
5. 常常看起来很害怕或者焦虑。
6. 情绪越来越不稳定，常常哭泣。
7. 学习成绩明显下降。
8. 体质下降，晚上睡不好。
9. 对自己的看法越来越负面。

发现孩子受到校园霸凌该怎么办？

关注孩子的情绪。许多被校园霸凌的孩子回家后都不敢跟父母提起，更没有寻求过父母的帮助。这是为什么？作为父母，我们要反思一下自己的日常行为。在孩子犯错的时候，和别的同学发生冲突的时候，我们是不是总是不分青红皂白地指责、批评孩子？如果是这样，一次两次之后，孩子就再也不会和你分享任何事情了。当孩子遇到问题的时候，不要急着去否定孩子，应该先了解事情的起因经过。观察和安抚好孩子的情绪是非常关键的一步，做好了这点，父母才能给孩子足够的安全感和维护自己权利的底气。

面对霸凌，勇敢说"不"。当孩子遭遇校园霸凌的时候，许多家长的态度是："多大点事，不至于。就是同学之间的打闹，忍一忍就好了。"这种教育方式是最不可取的!如果家长此时让孩子忍了,孩子的心理会受到伤害不说,长大之后遇到同样的问题,孩子会选择继续隐忍。长此以往,孩子只会变得越来越懦弱。面对校园霸凌,一定要告诉孩子勇敢说"不",奋起反抗,寻求家长和老师的帮助。

训练孩子的自我保护能力。让孩子学习一门强身健体的技能,比如说跆拳道、拳击,因为校园霸凌往往恃强凌弱,当你的孩子从内心到身体都强大起来,被欺凌就不那么容易发生在他身上。

鼓励孩子社交。帮助孩子拥有至少1个最要好的朋友、几个经常一起玩的伙伴,因为形单影只的孩子更容易被霸凌。

鼓励孩子发挥长处。在集体中要有自己的高光时刻,受人瞩目,因为存在感越低的孩子在集体中越容易被霸凌。

亲子间要拥有固定的谈心时间,最好是气氛轻松闲适的时候,如晚饭后的散步、周末的逛街购物时、睡前等,不能让紧张的生活和学习封闭了孩子的心。

最后,家长一定要记住:己所不欲,勿施于人。父母要教给孩子的是:如何成为一个正直、勇敢的人。懂得保护自己的同时,也不能做施暴者和旁观者。

36. 在集体中不合群

小贴士

有的孩子不愿意同小朋友交往,他们躲在角落或妈妈怀里,显得很不合群。这就应该引起父母的注意了。

您家孩子也这样吗

小明刚入园，在幼儿园不太合群，别的小朋友一起玩，他就在一旁看着，无论老师怎么引导都不予理睬，老师也只好放弃。而且小明的脾气不好，有时候竟然会踢别的小朋友。回到家后稍有不如意就大哭大闹，嗓子都哭哑了。夜间睡眠也不好。

妈妈疑惑小明是不是心理发育不健全，或者不适应幼儿园的生活？她真想知道，怎样才能让孩子与小朋友一起做游戏、融洽相处，不再孤僻。

认知关键

合群　同伴接纳　性格　个性　人际交往

合群这个概念，被相关领域学者称为"同伴接纳"，是指受同伴喜爱的程度。

同伴接纳度较好的儿童一般拥有更多的朋友并且会与他们形成更好的关系，即家长们所谓的"合群"。

"不合群"并不是缺点，也并不是必须被纠正。只要孩子能够表达清楚自己的观点，没有社交障碍，就毫无可担心之处。家长只需引导孩子们发挥自身的性格特点、优势，以他们最舒服、最适合的方式融入集体和社会就足矣。

家长小课堂

孩子在幼儿期间已经开始表现出明显的个性,**随着受教育程度的提高和人际交往经验的增加,孩子会逐渐社会化。这个过程中家长和老师要耐心细致地引导,幼儿的心理才能逐渐发展成熟。**

如果孩子能与父母正常交流,但只是不能融入小朋友群体中,说明孩子没有问题,只是个性使然。比如,孩子比较安静,不愿意同活动量大的孩子跑跑闹闹,家长只要让他多接触其他孩子,就会渐渐好转。有的孩子是因为很少跟家人以外的人接触,而变得不爱交往。

还有些孩子,本来愿意同小朋友们一起玩,但父母怕他受欺负或"不卫生",而限制孩子与小朋友们往来,孩子就会受到影响,变得不合群。

所以,**当孩子不合群时,父母要为孩子创造与小朋友接触的机会,鼓励孩子与小朋友一起玩。出门时可以带上一些玩具,孩子喜欢其他小朋友的玩具时就可以与对方协商、交换。食物也可多带一点,分给小朋友。孩子在一起玩游戏的过程中,可以互相模仿、促进、启发,对智力发育大有益处。在交往中,孩子与小朋友会交流感情,分享乐趣,为他以后与人交往打下良好的基础。**

37. 没有遗传因素的结巴

小贴士

学龄前儿童的口吃常出现在口语表述的时候。对此，很多家长会打断，提醒他想好了再说或慢慢说。这样的方法是不能解决问题的，这实际正是在无形中随时随地提醒孩子他有口吃的问题，更会加重其心理负担。

您家孩子也这样吗

一位3岁男孩的妈妈求助说:"我儿子说话比较晚,2岁以前只会说爸爸、妈妈、爷爷、奶奶等几个简单的词,直到2岁多,才逐渐会说一些简单的句子。前两个月我发现他有时说话会结巴,我也没太在意,过几天就好了,我也不知道是什么原因。这几天他说话又结巴了,而且比前几次都厉害。

"我觉得很奇怪,思来想去,可能是我给他读的绘本惹的祸。书里熊爸爸因为感冒打喷嚏,说话有点结巴,比如:'我们回回……阿嚏!回家吧。'文章中这样的句子大概有四五处吧,我就是照着读的,不知道他是不是受这个的影响。

"我现在很担心,不知道该怎么办才好。他一结巴,我就很焦虑。不纠正吧,我担心他以后养成习惯,老是结巴;但如果每次他一结巴我就指出来的话,我又怕他有心理负担,不敢开口说话了。"

认知关键

儿童口吃　结巴　情绪　模仿　儿童语言发展

孩子在2~4岁时进入思维急速发展期,此时他们的语言往往跟不上思维,所以想要表达什么时常常卡壳或一个词重复许多次,其实他们是在从大脑中搜索合适的词汇。孩子无意中结巴一下,就如同刚学走路时,会不时地摔一跤一样。如果家长什么也不说,不在意,孩子很快会好起来，如果家长们马上紧张起来，立即进行纠正，甚至为此跟孩子发火生气，就如同给孩子设了一个"记过簿"，会给孩子内心带来自卑感，甚至会导致结巴永远也改不掉。

家长小课堂

一般情况下，学龄前儿童的口吃常出现在口语表述的时候。对此，很多家长会打断，提醒他想好了再说或慢慢说。这样的方法是不能解决问题的，这实质上是在无形中随时随地提醒孩子他有口吃的问题，会加重其心理负担。长此以往，口吃儿童就可能会用其他表情来掩饰自己，比如不停眨眼、拍大腿、说话拉长音等。

家长和孩子说话的时候，应该自己先放慢语速且态度良好，孩子自然也会跟着慢慢说。孩子口吃表现严重的时候，家长可以先让孩子喝点水，稳定一下情绪，口吃可能就会逐渐改善。 如果仍然不见好转，就应到正规医院就诊咨询。

除了放慢语速、尽量不要打断儿童说话外，还要提醒儿童不要模仿口吃的人说话。因为到目前为止，口吃的病发原因仍然不明。**要警惕孩子因模仿口吃而患上口吃。另外，家长要提醒亲朋好友跟孩子说话的时候不要觉得其口吃的样子可爱而模仿他们，这样会给宝宝带来心理的伤害。**

38. 赢得起输不起的小心眼

小贴士

其实，一输就哭的孩子可不少见。不过，孩子"怕输想赢"也很正常，父母不必太纠结。

您家孩子也这样吗

科科和爸爸下棋,爸爸一下吃掉了科科的棋子,科科马上大哭大叫说:"不要不要,我要悔棋,不是放那里的!"结果后来还是输了,输了就大哭大叫;和小伙伴玩奥特曼卡片,科科为了赢,趁人不注意就拿走了已经用过的那张角色更厉害的卡片,想着下一步就要用这个厉害的卡片赢过小朋友;上网课学英语,只要遇到考试环节就要拉着妈妈坐在身边,答不上来时当外援,以此确保得高分……

认知关键

依恋　安全感　亲密　母婴关系　存在感

孩子在玩耍的过程中,通常都会希望成为赢的一方,享受赢的感受,展示自己的价值和能力。

美国临床心理学家科恩·劳伦斯博士认为:在成长过程中,孩子真正需要的是安全感和自信心。通过打败父母,孩子就能得到安全感的必要补充,才有信心去闯荡世界。也就是说,孩子玩游戏时想赢,可以让他赢。

家长小课堂

作为成年人,孩子的"雕虫小技"我们往往会觉得很简单、很幼稚,赢孩子通常都是一件容易的事情。而作为孩子,大人眼中的"雕虫小技"却是他们费了"九牛二虎之力"去思考和努力的结果。家长要学会控制想赢的冲动,让孩子获得"赢"的感受,学习"赢"的能力,并以此为基础,培养挑战不同任务的勇气。

保护自尊,鼓励和肯定参与游戏的行为。如果看到孩子用像案例中科科那样的办法来赢得游戏时,不要急于指责。家长应尝试理解孩子的想法,同时帮助他学会控制自己的冲动,并且鼓励孩子用正当的方法来参与游戏。

尝试解码孩子的想法和需要。家长可以对孩子说:"我知道你很想赢,尤其是前面都玩得挺好的时候。"

引导孩子换位思考。小朋友跟你下棋,如果是通过悔棋赢了你,你会高兴吗?如果孩子犹豫或者不清楚,那么直接告诉他,大家都是很想赢的,但是大家也都有输的时候。我希望你能赢,但是更希望你能用正当的方法来赢得游戏和比赛。

鼓励和肯定正确的行为。当孩子即便是输了也大方接受,没有耍赖或者作弊的时候,要告诉孩子我们很欣赏,他也应该为自己的表现骄傲。让孩子不因为输了比赛而感觉自己很糟糕。

让孩子赢很重要,但让孩子赢绝不是目的,而是要通过让孩子赢的方式,最终让孩子拥有面对挫折的力量。

有技巧地"让"孩子"赢"。让孩子赢并不是光让着孩子。心理学家帕蒂·惠芙乐说,父母在游戏中的角色要尽量跟随孩子需求的变化而做出调整,使孩子不断受到挑战,激发他的兴趣。

帮助孩子缓解输赢带来的压力。孩子喜欢赢，一旦输了，就会因为受挫而产生压力。心理学研究发现，人在压力下很容易情绪失控。如果孩子每次输了都很生气，可能他还不太会释放压力。这时可以和孩子玩输赢游戏。幼年时期，孩子本就弱小，父母若能在游戏中扮演弱者，让孩子看到自己比父母更厉害，不仅能让他在笑声中释放大量负面情绪，还能让他从做强者的体验中获得自信，不再怕输。

夸孩子别光说"你真棒"。现在越来越流行赏识教育。父母在夸孩子时，常常会说"你真棒""你真聪明"。但是，这样的夸奖很容易让孩子陷入固定的思维里，认为聪明都是天生的，甚至会为了维护自己的聪明形象，不愿意面对新的挑战。父母在夸奖孩子时，要表扬他的努力过程、奋斗细节，慢慢地，孩子就会建立起一种成长型思维，他会知道，失败只是暂时的，只要我一直努力，就会越来越好。

39. 霸道，抢小朋友玩具

小贴士

2～3岁的孩子，好奇心强，不能正确区分物品是自己的东西还是别人的东西。在这些孩子的认知中，只要是自己喜欢的东西，那就都是自己的。

您家孩子也这样吗

一位妈妈因为邻居周末临时要加班,于是把3岁的儿子浩浩放在了邻居家。正好邻居的女儿2岁半,两个孩子平时就喜欢一起玩,这次自然也是非常开心。

邻居2岁半的女儿喜欢玩洋娃娃,浩浩则对她家的小机器人充满了兴趣。两人开始的时候相安无事,时不时地交流几句,场面非常融洽。后来女孩开始玩起了家里的轨道小汽车。也许之前浩浩并没有注意还有这样一个玩具,所以看到后瞬间就放下了手里的机器人,跑到女孩身边,想要一起玩。没想到女孩竟然拒绝了浩浩,毕竟小汽车只有一辆。浩浩见状直接抢走了还在轨道上跑的小汽车,任凭女孩怎么哭闹就是不给她。

像浩浩这样霸道的孩子,是有暴力倾向吗?

认知关键

自我意识　认知　冲突　偏好　好奇心

孩子从一两岁开始,自我意识就在逐渐增强。他们变得更有能力,因此发生冲突的可能性也在增加。

孩子会故意把东西从其他孩子手中抢走。这几乎是所有这个年龄段孩子的"通病"。

家长小课堂

怎么处理孩子之间抢玩具的事情，也是家长们共同的苦恼和困惑。大多数父母会认为，孩子抢玩具是一种非常不礼貌的行为。**其实孩子抢玩具是成长过程中的必然，这是孩子物权观念建立的信号，同时也是孩子提升社交技能的一个机会。**

孩子抢玩具并不是坏事，只要家长正确引导，这个过程对提升孩子的社交能力是十分有好处的。通常孩子在2～2.5岁之间会有一个社交技能突飞猛进的时期。在抢玩具的过程中，孩子将有机会训练简单的社交技能，比如要求、询问、交换等。这些简单的社交技能将是孩子自信心建立的重要基础。

所以，**看似简单的抢玩具，实际上却是孩子自我发展的一种需要。如果处理得当，孩子将在这个过程中获得足够的安全感与自信心。**

对此，家长可以尝试着让孩子学习如何"借"和"还"、怎么应用礼貌用语、怎么去拒绝他人等基本的社交技巧，而不要粗暴地训斥孩子。

40. 丢三落四，自己的东西不珍惜

小贴士

孩子的自理能力是随着年龄、经验以及思维意识的增长而逐步提高的，这是一个渐进的过程。在孩子成长过程中出现丢三落四、自理能力差的情况，是一个必然现象。

您家孩子也这样吗

早上妈妈送丫丫上学,出门时发现她没有穿校服外套。妈妈提醒她后,她只是低着头抠手指,一动也不动。问她怎么回事,支支吾吾好半天她才说出昨天上体育课时,把校服落在了体育馆。

丫丫刚刚满8岁,丢三落四的毛病时不时犯一次。不过以往总是丢水杯、铅笔、橡皮这些小东西,这次居然连校服都弄丢了。校服是能重新买到,可中间需要时间,这些天她穿什么呢?怒火瞬间从妈妈心底蹿到了嗓子眼儿。

认知关键

物权意识　敏感期　分享　安全感

孩子丢三落四是常见现象,原因大致有以下三种类型:一是记忆力较差;二是态度马虎,没有听清或听完别人的话,就急急忙忙去做;三是生活缺乏条理,东西乱放,需要用时却找不到。美国教育学家克里斯蒂娜女士曾经指出:孩子的丢三落四往往是因为他们总能得到特殊的照顾。孩子自理能力差的主要原因就是他们缺乏生活经验,依赖心理强,没有自主意识。

其实,孩子丢三落四的行为也是依赖心理的一种体现,治疗依赖心理最简单的方法就是使其无处可依。如果孩子知道没有人会替他想着那些琐碎的事,那他就不会去指望别人,而是自己记住每一件事情,以免给自己带来麻烦。家长不应该做事无巨细的

"保姆"，而应该隐藏在孩子身后，看着他们自己走路、适应生活。

　　习惯伴随着人的一生，影响人的生活方式，甚至铺就了个人的成长道路。培养生活、学习中的一些好习惯是解决孩子丢三落四行为的最好方法。另外，孩子的丢三落四现象也可能与孩子的性格有关系。孩子容易兴奋、敏感、多疑，以及自制力差等，都可能会使得孩子出现做事反反复复、丢三落四的现象。

家长小课堂

　　对于态度马虎，没有听完或听清别人的话，就急急忙忙去做事的孩子，家长平时要引导孩子认真听完别人的讲话。不理解或没听清的，应学会有礼貌地再询问一遍，有意识地培养孩子办事认真、善始善终的好习惯。

　　对于生活缺乏条理，东西乱放，需要使用时找不到的孩子，应该给孩子立点规矩，建立有序的家庭生活环境。物品放在固定的位置有利于改变孩子丢三落四的毛病。如果孩子记不住什么地方放什么东西，可以做一些特殊标记或者张贴形象的贴画。出门的时候，将随身携带的物品尽量放在一个袋子里，以免遗漏。最好在家门口玄关处放一张小桌子或一把椅子，让孩子每天睡觉前把第二天要带走的东西都放在这里，早上就算时间紧张出门就走，也不会落下东西。建立有序的家庭生活环境，会有效地纠正孩子丢三落四的不良习惯。

　　依赖性强、独立性差的孩子，多半是家长包办太多。家长包办代替会使孩子处于被动等待的地位,事前有家长安排、事后有家长收拾,孩子不用操心、不用负责,因而做事有一搭没一搭的。如果家长偶尔没为他做事,他还会埋怨和责备家长,把自己应该承担的责任推给别人。

所以,家长要学做"保镖"而不是"保姆",减少包办代替,尽量让孩子自己完成自己的事情。家长只是亲切地提醒、耐心地指导,而不是动手代办,失败了可以让他重新再来。长期坚持,孩子的能力自然就得到了锻炼。给孩子这种身体力行的锻炼机会,会让孩子养成受益终身的好习惯。

对于记忆力较差的孩子,丢三落四通常不是故意的。针对这样的情形,家长可以做一个"提示本"或者"提示板",放在孩子容易看到的地方,如放在出门的位置,抬头就可以看到,让孩子自己在上面记录要携带的东西。

做父母的应当有意识地培养孩子的生活自理能力,在日常生活中逐步改变孩子的坏习惯。注重加强对孩子动手能力的培养,切莫使孩子成为只会动脑不会动手的"书呆子"。

41. 吃鼻屎，是异食癖吗

小贴士

孩子的一些不良行为，可能会随着年龄增长而逐渐消失。当然这也离不开家长的科学认知和正确引导。

您家孩子也这样吗

6 岁多的侄女来张女士家里做客,她让孩子们睡在一个房间。但是第二天早上醒来,张女士的女儿就跟她说,晚上不想和表妹一起睡觉了。一开始她还以为是打架了,可没想到竟是因为女儿看到表妹晚上睡觉之前老抠鼻屎,期间还吃了一口。女儿觉得太恶心了,让表妹不要这么做,可没一会儿,人家继续抠,抠完还直接擦在被子上。要不是太晚了,女儿都想让妈妈去把被子洗了。

听完女儿的控诉,张女士转头去问侄女,为什么要吃鼻屎。人家满不在乎地说:"不能吃吗?我同学都吃!"

小孩子为什么要吃鼻屎呢?张女士第二天上班把这件事情跟同事们探讨了一下,没想到身边一半以上的孩子都有吃鼻屎的行为。

认知关键

自卑 心理障碍 胆小 敏感 性格 心理暴力

小孩子吃鼻屎、血痂和眼屎,大多数就是出于好奇。孩子在某个阶段对这个世界的一花一草都是充满好奇的,他们探索世界最好的方式就是摸、闻、看,所以他们在抠鼻屎的时候非常想知道这"东西"好不好吃,能不能吃,而同时他们还觉得这是自己所产的,自己的东西自己作主。

另外,在幼儿园或者和其他小朋友玩耍时,只要有一个小朋友吃鼻屎被看到,其他小孩子就可能会模仿,毕竟孩子们对"吃"

是最容易接受的。人家能吃，我也就能吃，吃得开心时还哈哈大笑呢。

不过，有些小孩子吃鼻屎不是因为好奇、模仿，而是身体出了问题。这类孩子除了吃鼻屎，还有可能吃沙子、吃纸等，如果家长发现孩子有类似不良习惯，就应该带孩子去检查一下。

家长小课堂

很多家长看到孩子吃鼻屎、血痂或眼屎直接就是一顿打，可打的次数再多还是无法纠正这个坏习惯。家长们会发现，孩子们会从公开吃，变成偷偷吃，让人很是无奈。

首先，我们要让孩子知道抠鼻屎没关系，但是不能吃鼻屎。 鼻屎是身体的分泌物，就跟宝宝平时拉的粑粑一样，吃鼻屎会很恶心，而且很脏。家长尽量说得恶心些，一些爱干净的小孩子就会听进去，下次挖鼻屎就吃不下去了。

其次，有些孩子就是爱挖鼻屎，而吃鼻屎只是偶尔的。这时候家长就要及时帮孩子转移注意力，**不要大声吼叫"不准吃"，而应该拿张纸巾，让孩子把鼻屎擦到纸巾上。** 这样多试几次，孩子就知道抠完鼻屎用纸巾擦掉。

最后，家长们也要以身作则，尽量不要在孩子面前抠鼻屎。 虽然我们大人不吃鼻屎，但孩子看到大人抠，他们也会想抠，抠出来了自然就会有想试试鼻屎味道的想法。对于年龄较小的孩子，家长还要及时帮他清洁鼻腔，鼻子干净自然就没什么可抠的了。

总之，孩子的一些坏习惯是一个年龄段特有的，孩子逐渐长大后，自控能力加强、对事物的好奇心没那么重时，这些坏习惯就会消失了。对于抠鼻屎、吃鼻屎，家长切莫过于担忧。

最后说说异食癖。

异食癖是由于代谢机能紊乱、味觉异常和饮食管理不当等引起的一种非常复杂的综合征。从广义上讲，异食癖也包含有恶癖。患有此症的人会持续性地吃一些非营养的物质，如泥土、纸片、污物等。过去人们一直以为，异食癖主要是由体内缺乏锌、铁等微量元素引起的。目前越来越多的医生认为，异食癖主要是由心理因素引起的。

心理学认为，小儿嗜异现象是一种心理失常的强迫行为，往往与家庭忽视和环境不正常有关。因此，**要多给孩子些关心，切忌简单粗暴，不要责罚孩子甚至捆缚孩子的手足。这样不但不能解除嗜异习惯，反而会使他们暗中偷吃此类不洁之物。**

第二章

家长的常见错误言行自查

1. "不许哭，男子汉不能哭！"

小贴士

一个男孩子在长大后，能否成为一名顶天立地的男子汉，与他小时候是否爱哭没有任何关系。哭是孩子的情绪释放方式，是一种好的发泄方式。

您是这样的家长吗

一些家长在男孩的成长过程中,已经把"男子汉,不许哭!"这句话当成了教育男孩的铁律。男孩长大以后是为家庭遮风挡雨的大树,如果小时候就怕这怕那、动不动就哭鼻子,以后怎么成为一名有担当的男子汉?

认知关键

哭是由于内心感到委屈或精神受到重大刺激,这时人们往往会哭泣流泪。研究表明:**长期压抑哭泣本能的人,更容易患上焦虑症、忧郁症,也会危害生理健康,导致各类身心疾病。**

哭对人的心理具有保护作用,特别当人遭到严重的精神创伤,陷入可怕的绝望和忧虑时,茶饭不思,夜不能寐。如果这时能大哭一场,就可能得到拯救。

哭能排除情绪紧张时所产生的不良化学物质,从而把身体恢复到放松的状态,缓和紧张的情绪。

男性家长应该摒弃那种"男儿有泪不轻弹"的观念。**眼泪能让男人解压,减少暴力冲动。**

其实,流着泪的交流是摆脱抑郁和压力的最好方式,是控制情绪、降低精神创伤的补充手段。

家长小课堂

父母应该教会孩子如何表达自己的情绪。默默哭一场是一种方法。睡一觉，做运动，找朋友出来聊天，或者冥想、写作、绘画，甚至吃一顿美食，都是排解情绪的方法。

当对情绪有了充分认识以后，孩子就会明白，情绪是暂时的，一切都会过去，不需要刻意压抑，也不必过分表达。

2. "你个小屁孩懂什么？听爸爸妈妈的就行了！"

小贴士

命令式教育的危害是很大的。

您是这样的家长吗

一些家长在对待孩子的时候，很容易把自己的想法强加给孩子，认为孩子既然是从自己身上掉下来的一块肉，想法肯定跟自己的一样。就如经常有家长说："你个小屁孩懂什么？听爸爸妈妈的就行了！"

认知关键

命令式教育的危害很大。父母如果经常用命令的语气跟孩子说话、让孩子做事，会让孩子产生逆反心理。**长期执行父母命令的孩子，往往会缺乏主动性，容易形成懦弱的性格**，不利于孩子的成长。

家长小课堂

父母应该尊重孩子自己的想法，学会站在孩子的角度看问题。这里说的角度并不仅仅是蹲下来从孩子的视角看世界那么简单。孩子的成长有阶段性，父母希望孩子表现出超年龄的成熟，是不切合实际的。很多时候，孩子的"不懂事"可能只是因为父母没弄清楚孩子在想什么。父母希望孩子能体谅自己，同时，父母也要设身处地地替孩子考虑。

要把握孩子的思维方式。父母如果想知道孩子在想什么，需要跟孩子多沟通。给孩子讲故事或者看电视、看电影的时候，多让孩子猜测剧中人物在想什么，以此来判断孩子喜欢什么、不喜欢什么，性格是外向还是内向，遇事容易慌乱还是能平静处理……避免错误地认为既然为孩子好，孩子就一定要服从自己。

3. "想吃糖爸爸给你买,但别告诉妈妈哦!"

小贴士

父母对孩子的要求不一致,对孩子造成的最严重、最重要的影响,就是会导致孩子"见人下菜碟"。无论是爷爷奶奶,还是爸爸妈妈,对孩子的教育一定要步调一致,要求一致。

您是这样的家长吗

小强8岁了。妈妈要求他不准吃零食，不准吃巧克力，还要在晚上10点前睡觉。爸爸出差时，小强总是遵守这一规则。有一天，爸爸出差回来了，到晚上10点，妈妈让小强去睡觉，小强却一反常态，嚷着要吃糖，要看电视。妈妈不同意，小强就大哭大闹起来，还跑到爸爸房间向爸爸告状。爸爸一贯宠爱这个宝贝儿子，听完孩子的告状，就带着他到客厅里，责怪妈妈不应该对孩子这么严格，然后悄悄对小强说："你喜欢看电视就接着看吧，想吃糖爸爸这就给你买，但是不要让妈妈知道。"

认知关键

如果父母在家教中一惩一纵，一严一松，很容易使孩子在家里只怕一个人，只听一个人的话，使孩子把父母分成谁好谁坏，喜欢溺爱、袒护自己的一方，而远离严格要求的另一方。"母爱如海，父爱如山"。父爱母爱虽各有特点，却不能各说各话。

父母对孩子的要求不一致对孩子造成的最严重、最重要的影响就是会导致孩子"见人下菜碟"，还会直接影响父母的权威性。 当父母的教育意见不一致，尤其是在孩子面前发生争执，甚至彼此否定对方的时候，会使孩子对父母产生失望的情绪。这也会破坏父母在孩子眼中的形象，降低父母的威信，从而影响教育的效果。当父母产生分歧的时候，孩子往往会觉得胜利一方的观点就是正确的，而事实上也许并非如此。长此以往，小孩子的是非观会变得模糊。除此之外，父母教育观点不一致时，双方容易发生争执，甚至争吵，使家庭气氛变得紧张。孩子也许并不知道爸妈在吵什么，但他知道是因为他而发生了争吵。胆小、内向的孩子可能会因此而惶恐不安。

"红白脸"教育让孩子学会钻空子。谁能答应他的要求，他就去磨谁，甚至可能学会因逃避责罚或迎合表扬而隐瞒过失、说谎。

对一个家庭来说，孩子所受到的教育应该来自一个合力，即父母的整体效应，是父母双方取长补短形成的最佳合力。孩子需要的不是"严父慈母"，也不是"严母慈父"，而是每个家庭成员要在孩子的教育上态度一致、标准一致，需要严的时候严得起来，需要慈的时候慈得恰当，集严慈于一体。如此配合默契才能取得孩子的信任和尊重，也才是最有利的成长环境。

家长小课堂

夫妻教育孩子的根本分歧是认识上的分歧。**家庭教育是一门学问，夫妻双方要不断地学习和探讨，要提高认识，统一思想，同心协力，只有这样，才能取得满意的教育效果**。家长们可以多看看有关家庭教育方面的书籍，多收集教育孩子方面的成功案例，并且多留意他人在这方面的成功做法和经验。当你心里装满了许许多多教育孩子的生动实例时，不仅自己受益匪浅，也会潜移默化地影响你的爱人。

尤其是在孩子的性格和品质培养方面，夫妻双方要达成一致意见，在教育过程中互相配合。当孩子犯错时，其中一方批评教育孩子时，另一方不要袒护，尤其不要在孩子面前指责对方，应该互相配合、协调一致。对孩子所提的要求一致，对孩子的情感也要一致，不要一会儿爱个不够，一会儿又打又骂，这样会使孩子的反抗期加重、延长。

4. "不能小气，必须分享！"

> 不要这么小气，给妹妹分享一下！

小贴士

　　分享就意味着大方，不分享就意味着小气，这绝对是成人强加给孩子的霸道逻辑。

您是这样的家长吗

"不要这么小气,给妹妹分享一下!""你怎么就这么小气?一点都不懂得分享。"

认知关键

2~3岁是孩子的物权敏感期。"学会分享"并没有错,但很多家长却走进了一个常见的育儿误区,只在结果上用力,忽视了孩子达到这个结果的过程中应该学习的能力。大人简单的一句"要分享",本意是想让孩子学会分享,却很可能剥夺了孩子学习社交的机会。

家长小课堂

当一个孩子想要其他孩子手上的玩具时,她必须要学会如何询问,当被拒绝时她需要学会尊重,或者自己想办法进行"谈判"。这些是在尊重他人物权的前提下表达自己欲望的方法,是需要练习的,而不是大人一句"要分享"就可以做到的。

而拥有玩具的孩子,也需要练习。他要练习自我评估:哪些东西我愿意分享,哪些东西我不愿意;哪些人我愿意分享,哪些人我不愿意分享。这些没有统一的标准,这也不是我们一句"要分享"就可以教给孩子的。孩子只有在自愿的情况下经历"分享"的过程才能自己体会到。

  总之，**爸爸妈妈们要明白，孩子不愿意分享并不代表他小气、自私。孩子接受"分享"也需要时间。所以家长在教孩子分享的过程中，要不急不躁，遵循孩子的成长规律，运用科学的方法引导**。只要我们能尊重孩子，给孩子充分的理解和空间，让他能全心全意地构建好自我的"城堡"，安全感得到充分的捍卫和保护，他一定会越来越乐于分享。

5. "他还是个孩子,不懂事。"

小贴士

一次两次之后,孩子尝到了甜头,任性的脾气只会越来越大。

第二章 家长的常见错误言行自查

您是这样的家长吗

"他还是个孩子,不懂事。"看似宽容的背后,其实是成长最大的陷阱。习惯性护短的父母,舍不得管教自己的孩子,一味纵容,只会让孩子的恶习不断扩大。

认知关键

熊孩子的背后是不懂如何正确教导的父母。没有道德和规则约束的孩子,他们闯下了大祸小祸,却要无辜者为他们买单。

虽然在父母眼中,孩子无论多大都是孩子,但是他们也是独立的个体,如果已经成年却仍然没有自我意识,做出了伤害他人的事情,父母再拿这句话为他开脱,这才是真正毁了孩子的一生。

家长小课堂

孩子的成长过程转瞬即逝,家长一定要抓住教育的机会,**在孩子犯错的时候惩罚孩子,做对的时候表扬孩子,让孩子懂得"自己做的事情自己承担后果"的道理**。现在的孩子都是含着金汤匙出生的,加上家长过分的爱护,他们真的很难承受得住社会的风吹雨打。所以,家长可以在孩子小的时候就给他们树立榜样,也可以让孩子帮忙分担自己的工作,让他们懂得家长的辛苦。这样,他们拥有自理能力的同时也会更加理解父母。

"没有规矩不成方圆"。不论孩子多大,家长一定要让他们有"责任感",要给孩子立规矩,使孩子对法律和规则产生敬畏,才能尊重每一个人。

6. "你看看某某，再看看你！"

> **小贴士**
>
> 　　每个孩子都是独一无二的个体，他们既不附属于家长，也不依赖于家长，有自己独立的空间，也具备独立思维。所以，家长应该以孩子的独立发展为成长目标，只需要给孩子自由的空间和必要的帮助即可。

您是这样的家长吗

妈妈:"明天开始去上补习班吧。"

孩子:"为什么?"

妈妈:"你瞧隔壁小哲,成绩那么好,就是去的那个补习班。"

孩子:"他喜欢去就去,我才不去。"

妈妈:"你这孩子怎么这么不上进呢?你的成绩要是跟小哲一样,妈妈才不逼着你去!可你看看你自己,你比小哲差太多了……"

孩子:"他好,那你认他当你儿子呗!"

妈妈:"你……"

认知关键

如果父母总是在他人面前数落自己孩子的缺点,或者是习惯拿自己的孩子与别人家的孩子做比较,时间长了就会让孩子的自信心归零。每个孩子都有与众不同的潜能和特质,父母既要看到自己孩子的优缺点,也要看到别人家孩子的优缺点,但最好不要将两个孩子的优缺点做比较,否则容易让孩子失去自我。父母如果总是拿自己的孩子跟别人比较,让自己的孩子得不到应有的肯定,时间长了他们就会变得垂头丧气,做事情也就越来越没有动力了。要知道家长的"谦虚",实际上是在伤害孩子。

心理学家苏珊·福沃德说过:小孩是不会区分事实和笑话的,他们会相信父母说的有关自己的话,并将其变为自己的观念。

如果你总是打击孩子，孩子就会怀疑自己是不是真的很差，久而久之他会相信自己很差劲，变得越来越自卑，离优秀越来越远。

家长小课堂

父母要认识到每个孩子都是独特的，他们的喜好肯定也会有所不同。别人家的孩子适合学钢琴，你家的孩子不一定适合学钢琴。所以父母要从孩子自身的特点出发，寻找孩子的兴趣所在，尊重孩子的个性发展。

不要贬低孩子，而是要鼓励孩子向他人学习。在教育孩子的过程中，很多家长喜欢把自己孩子的缺点和别人家孩子的优点放在一起比较，名义上是为了"取长补短"，实际上却让孩子失去了自我。其实每个孩子都不一样，发育程度也不一样，可能有的孩子还需要时间去学习。家长只要让他注意到自己的强项和自己有进步空间的地方就可以了。所以永远不要拿自己孩子跟其他孩子比较，特别是不要把孩子的缺点和他人的优点相比，这样孩子才能真正地崇尚独立，真正拥有自己的空间。

每个孩子都是独一无二的个体，他们既不附属于家长，也不依赖于家长，有自己独立的空间，也具备独立思维。所以**家长应该以孩子的独立发展为成长目标，只需要给孩子自由的空间和必要的帮助即可**。

7. "生二胎是爸爸妈妈的事，跟你有什么关系？"

小贴士

　　二胎带给大宝的心理压力远比父母感受到的要大得多。一旦感觉被忽视，大宝会产生很多心理问题。

您是这样的家长吗

成都的刘女士和老公结婚 8 年了，家里面有个 7 岁的女儿，聪明可爱，一家人把女儿当成掌上明珠，因此女儿小时候就有点像"小公主"，动不动就发脾气，现在都上一年级了，在学校里面还好，回到家后就是小霸王，让刘女士很是头疼。

前不久刘女士突然查出来怀孕了，告诉老公后，老公十分开心，决定把孩子留下来。可是刘女士担心女儿会反对。果然，第二天跟女儿说到生二胎的时候，女儿大喊着不要弟弟妹妹。这让刘女士很是纠结，最后还是老公打了女儿一顿，女儿这才同意。

不久后，儿子出生，一家人都围着宝宝转，完全忽略了女儿的存在。每次女儿放学回来家里面都没有人理她，还让她自己热饭吃。于是就在宝宝出生第七天的时候，爸爸回来就听到儿子的哭叫声，急急忙忙过去，只看见女儿拿着针在戳儿子，嘴里面还说着："让你抢我爸爸妈妈，让你抢我爸爸妈妈！"

认知关键

生二胎前，一定要关注大宝的心理，各位家长千万不要有了小的就忽略大的。在给予老二悉心呵护的同时，不要让老大提前背负上与年龄不相称的心酸。二胎带给大宝的心理压力远比父母感受到的要强得多。一旦感觉被忽视，大宝会产生很多心理问题。

研究表明，如果老大和老二的年龄差距小于 18 个月，老大不会嫉妒，因为他还不太理解发生了什么，会像接受所有新鲜事物一样去接受老二的到来；如果两个孩子相差2岁，孩子间的竞争就非常突出，大宝会嫉妒二宝夺走了父母的爱。

孩子的童年期是4～7岁。在这一时期，他们的求知欲会越来越强，并开始了创造性思维，对周围的人和事满怀好奇，自理能力日渐增长，也能进行更多的理性交流，因此父母就能腾出时间去照顾更小的孩子。所以父母在大宝的童年期要二胎更为明智。

家长小课堂

生二胎前一定要事先征求大宝的意见，让大宝明白生二胎对家庭和他的生活会带来哪些改变，让大宝感受到被尊重和受重视，降低大宝的危机感。 爸爸妈妈可以告诉大宝，如果有一个弟弟或妹妹，就会有一个小伙伴来陪他玩，陪伴他一起成长，快乐生活。并且要告诉大宝，爸爸妈妈会共同爱着两个宝宝，有了弟弟妹妹后，他享受到的爱和温暖也不会减少，这样就可以让大宝在潜移默化中接受新的小生命。

妈妈在怀孕的时候，可以让大宝多摸摸自己的肚子，听听小宝宝的心跳，与肚子里的小宝进行交流。或者妈妈也可以带着大宝一起去做产检，一起置办婴儿用品，让大宝给小宝起名字、选衣服等。这样不仅能让大宝感觉到自己仍然被父母重视、喜爱，还会增强对小宝的期待，提高对小宝的接受度。

日常生活中父母要多注意大宝的情绪。 家长一定要站在大宝的角度上体谅大宝，及时感知他的情绪变化，并尽量抽时间单独陪他说说话,听他说一下他心里的感受或委屈。

另外,**可以让大宝参与照顾小宝**。这样可以帮忙拉近两人的距离,让大宝明白多一个弟弟或妹妹做伴,是多么快乐和幸福的事情,从而让大宝与二宝建立早期的亲情关系。

最后,也是最重要的一点。父母一定要清晰明确地向大宝表明:爸爸妈妈对你的爱永远不会改变,而且未来还会多一个很爱你的弟弟或妹妹,你得到的爱不仅没有减少,还多了一份。父母在日常生活中也需要多展示出对大宝的爱,平时多亲亲抱抱大宝,陪大宝一起玩耍,让大宝在幸福快乐的家庭环境中健康成长。

8. "你是哥哥/姐姐,你就应该让着弟弟/妹妹!"

小贴士

在有两个或两个以上孩子的家庭中,父母公平、公正地对待每个孩子极为重要。这是良好家庭教育的基石。

您是这样的家长吗

"我又不是孔融,为什么每次非得让我让梨?这是我的巧克力,最后一块巧克力,为什么要给他吃?"10岁的晴子歇斯底里地对妈妈喊。晴子妈妈瞪着眼对她说:"你是姐姐,不应该让着弟弟吗?"说着,准备拿走晴子手上的巧克力。这下晴子不干了,哭着说:"弟弟自己的巧克力吃完了,就没有了。这是我的,为什么每次都要我让着他?你好偏心!"妈妈愣住了。她真不明白身为姐姐的晴子为什么就不懂得让着弟弟?芝麻大的事都为什么和弟弟争风吃醋?

认知关键

哥哥(姐姐)让着弟弟(妹妹),是很多爸爸妈妈挂在嘴边的话。只有一个苹果,给弟弟(妹妹)先吃;只有一个玩具,让弟弟(妹妹)先玩;甚至弟弟(妹妹)一出生,大宝就不得不被爸爸妈妈送到祖父母家,从此长期与父母分离。

做哥哥(姐姐)的大多会经历从不满、委屈,到逐渐接受、认同,最后终于被塑造成型的一个过程。于是,哥哥(姐姐)慢慢变得懂事了,弟弟(妹妹)开心了,生活平静了,爸爸妈妈欣慰了。

殊不知,**长期处于弱势的情感体验可能会带给这些做老大的孩子们低价值感,使他们建立一套属于自己的防御体系,在成年**

之后的人际交往中，同样不敢为自己据理力争。哥哥（姐姐）让着弟弟（妹妹），看似很合理，实则可能带给孩子极大创伤。那些痛苦的感受不会凭空消失，相反会在漫长的成长岁月里，被压抑、被屏蔽、被隔离、被扭曲，终有一天会爆发。

家长小课堂

千万别轻易拿孩子们的优缺点进行比较；不要总剥夺老大应有的东西；别因为二宝小就总是抱在手上，要寻找机会放下手中的二宝，抱抱大宝。据权威数据表明，两个宝贝的年龄相差4～6岁最合适。首先，孩子0～3岁是情感依恋建立期，这段时间特别需要妈妈的陪伴，和妈妈建立亲密关系；其次，两个孩子的年龄相差4～6岁，相互竞争不会过于强烈，而年龄太相近的两个孩子常会互相比较，容易产生矛盾，最常见的就是抢玩具。

在有两个或两个以上孩子的家庭中，父母公平、公正地对待每个孩子极为重要，这是良好家庭教育的基石。教育的成败在细节。每个看似微小的细节，对孩子的影响都可能是巨大的。在一个和谐的家庭环境里，孩子们完全可以和平共处、相亲相爱。

还要注意家庭教育的一致性。家长在任何场合都要坚守自己的规则，告诉孩子什么是可以做的、什么是不可以做的，特别要争取祖辈对自己教育方法的支持，保持教育口径一致。

如果两个或者多个孩子闹矛盾，父母要认识到这不是件坏事，因为孩子们如果能在冲突中学习人际交往的方式的话，就是好事。这时父母如果出面干涉，无原则地偏袒小的，老大肯定不舒服，等父母走开后,他可能就要欺负小的。所以一些老大欺负老二的事情,其实是由父母对待孩子们的方式不当造成的。

孩子之间有冲突,一定有原因,而且很可能是他们这个年纪解决不了的。父母可以尝试启发他们:比如一个东西两人怎么分?一人一半,还是两人抽签、轮流?父母要让孩子在化解矛盾中,提高解决问题的能力。

9. "要不是因为你，我们早就离婚了！"

> 小贴士

家里有没有爱，孩子是能感觉出来的。有些话就像是扎在孩子心口的刀，会让他们认为自己是拖累父母寻找幸福的绊脚石，从而让孩子否定自己的价值。

第二章　家长的常见错误言行自查

您是这样的家长吗

"要不是为了你,我跟你爸早就离婚了。"10岁的女孩小玲就是在妈妈这句话的荼毒下,最终选择了轻生。

小玲妈妈性格大大咧咧,典型的刀子嘴豆腐心。在小玲投江之后,她一直无法理解孩子为什么会做出这种极端行为。直到家人在清理小玲遗物的时候,发现了一本日记,在日记本的中间,夹着一封信。当看到这封信时,小玲妈妈才恍然大悟。原来,妈妈有口无心说的一些话,深深地印刻在女儿小玲的心里,使她每天在自我怀疑的深渊中孤独前行。尤其当小玲看到妈妈和爸爸吵架的时候,妈妈回过头冷眼看着自己所说的那一句话:"要不是为了你,我跟你爸早就离婚了。"小玲的想法很简单:"是不是没有我,爸爸妈妈就可以过自己想要的生活了?"

小玲内心深处,长时间充斥着这样的声音,最终把小玲推向了深渊。

认知关键

孩子不仅需要父母对自己的爱,也需要父母彼此相爱。如果夫妻之间已经没有感情,势必会把孩子当作负担。有孩子会认为是自己拖累了父母,是一个多余的不受欢迎的人。这对孩子的心理是一种很深的伤害。

家长小课堂

家里有没有爱，孩子是能感觉出来的。不再相爱的夫妻，与其将就，不如放过彼此，更不要对着孩子说"如果不是为了你，我们早就离婚了"这样的话。因为这些话就像是扎在孩子心口的刀，会让他们认为自己是拖累父母寻找幸福的绊脚石，从而否定自己的价值。

所以，请不要将自己婚姻的不幸牵连到孩子身上，让他们为大人的不幸买单。**应该在合适的时间，用平静的方式跟孩子谈论离婚这件事，并表示这并不会影响父母对孩子的爱**。这样处理的话，相信孩子是能理解父母并且接受的。

10. "你知道报这个班有多贵吗？你还不好好学！"

小贴士

孩子的兴趣才是学习的最大动力。只有动力足够，孩子才会全身心地投入其中，将自己的潜能发掘出来，享受学习的乐趣。

您是这样的家长吗

刘女士为10岁的儿子报了很多个兴趣班,有钢琴、围棋、书法、美术、英语、编程、跆拳道等。她常说,现在竞争这么激烈,孩子如果想要脱颖而出,就需要做到样样出色。于是,刘女士每天带着孩子奔波在去一个又一个兴趣班、补习班的路上。再加上学校有作业,她儿子每天都睡很晚。可是,她给儿子报了这么多培训班,却发现儿子一点都不珍惜。不仅学习越来越松懈,孩子的行为也变得古怪。这让刘女士气不打一处来,现在口头禅都成了:"你知道爸妈给你报的这些班花了多少钱吗?你还一点都不知好歹!"

认知关键

很多父母,给孩子报各种兴趣班、补习班,并不是因为孩子真正需要,而是源于父母的焦虑情绪、完美情结。追求完美是人类的天性。毕竟我们每个人都希望把事情做好,生活越过越舒畅,自己和孩子不断取得进步。但现实生活中,当我们给孩子定下过高的标准和要求时,并不是所有孩子都能让父母满意。有一些孩子,无论怎么努力也达不到父母的要求,跟不上父母的节奏。这时,孩子就会感到烦恼、焦虑和抑郁,严重者,甚至会自暴自弃,破罐破摔。到那时,父母一定会后悔不已。所以无论父母的话说得多么漂亮,貌似多么尊重孩子,但只要起心动念想要完全按照自己的希望改造孩子，孩子感受到的很可能就不是爱，而是前进的能量被阻塞。

望子成龙、望女成凤是天下每个父母的共同愿望。可是，学习是孩子的事情，学习好不好，很大程度上取决于孩子的发心和态度。孩子的心在哪儿，收获也在哪儿。孩子的心思如果不在学习上，而家长强硬地逼迫，那么就会适得其反，搞得大人和孩子都身心疲惫、关系紧张，得不偿失。

家长小课堂

孩子的兴趣才是学习的最大动力。只有动力足够，孩子才会全身心地投入其中，将自己的潜能发掘出来，享受学习的乐趣。孩子是学习的主角，报不报班还得征询孩子的意愿。当孩子不同意报时，父母千万不要勉强。

就算孩子的基础差点，在他付出努力后，结果都只会更好，不会更差。

孩子的认知有限，不会对父母报这些兴趣班、补习班花了多少钱有清晰的概念，他感受到的只有压力。所以家长应该尊重孩子，根据孩子自身的特点和承受能力选择适合孩子的班，激发孩子学习的动力，这才是最现实的。

11. "给他买,不就一个玩具嘛,弄得鸡飞狗跳!"

小贴士

无条件地满足孩子,说白了就是骄纵。从小被骄纵的孩子不但容易缺少朋友,还容易性格极端,稍遇不顺就可能做出平时大家想都不敢想的事情。他们知道对错,可大脑负责管理"情绪行为"的那个模块存在问题。

您是这样的家长吗

妈妈和外婆带着3岁大的牛牛上街买衣服,路过一个玩具店,牛牛不走了,非要进去看一看。没办法,妈妈只能带孩子进去看了一圈,不出所料,牛牛抓住玩具奥特曼就不松手,要妈妈买。"这个玩具家里有,放回去。"牛牛不肯。"家里半屋子都是奥特曼,好多你玩了几次就不玩了。"然而得不到满足,孩子坚决不肯走。妈妈试图强行将孩子拖走,可没想到他直接往地上一躺,开始打滚,还把店里的玩具狠狠地摔了出去,摔得支离破碎。牛牛外婆见状忙说:"给他买!不就一个玩具吗,大街上那么多人围观,哪能让孩子一直躺在地上?"

认知关键

现实中,像牛牛妈妈和外婆这样的家长不在少数,她们家的孩子将"闹腾"当作一种交易的筹码。在这些孩子眼里,只要自己声音大、动作夸张、不讲道理,父母或者家人就会屈服,就能得到自己想要的东西。小孩子不知道对错,他们只是本能地追求新奇、快乐。

家长们的心态,也可以理解。毕竟孩子是自己的心头肉,再无理、再闹腾,那也只是小打小闹。很多人觉得孩子闹腾无非是因为玩具与零食,这些才值几个钱?他要,给他买不就好了?能用钱解决的问题,干嘛非得给自己找麻烦?

然而这只是花点钱买点东西这么简单吗？家长一次又一次的纵容，会让孩子觉得：自己只要要东西，父母就应该给买。小的时候，孩子的要求确实不难满足，也就玩具与零食，可长大之后呢？在这种家庭教育模式下长大的孩子，"病情"会越来越严重，要求和欲望得不到满足，就会变得暴躁，虽然心里其实也知道"不是所有人都得惯着自己"，但是大多数人的情绪会不受思想的控制，控制不住的时候还是会发火。

家长小课堂

耐心地和孩子解释，语气温柔，立场坚定。 当孩子提出一些不合理的要求时，家长不要着急和孩子发脾气，而是需要冷静下来，耐心地和孩子说明拒绝他的理由。在和孩子讲道理的时候，要照顾孩子的情绪，说话时情绪不能过于激动，说话的方式要温柔，但要立场坚定，让孩子没有讨价还价的余地。

适当地转移孩子的注意力。 当孩子看到了喜欢的玩具车，开始央求家长买，然而家中已经有一个很相似的玩具车所以不能再买时，单纯地和孩子讲道理，孩子只会越来越"无理取闹"。为了能够缓解孩子焦躁的情绪，家长可以适当地转移注意力，带孩子去商场的游乐区玩玩，或者去门外做做游戏……孩子可能就会慢慢忘记刚才想要买玩具车的事情。

给孩子体验生活的机会，让孩子感受到家长的不易。如果孩子总是要求买各种各样的东西，家长的苦口婆心也不能改变

孩子的要求时，可以带孩子去体验劳动生活，如打扫卫生、摘菜、收获农作物等，让孩子明白家长挣的每一分钱都来之不易，家长挣的每一分钱都是用汗水和努力换来的，还可以把孩子一天的劳动所得跟他常玩的玩具的价格进行换算，让孩子对钱有一个初步认知。这样的生活体验还可以培养孩子节约的美德，对孩子的良好性格的养成和形成正确的价值观有一定的帮助。

12. "大人的事儿,别打听!"

小贴士

不管年龄大小,参与家庭的决策对孩子的成长都是大有裨益的。这种裨益是双向的,对于父母而言,在孩子参与决策的过程中,他们可以得到明确的教育反馈;对孩子而言,参与家庭决策可以更好地理解父母,并激发他们的责任心。

您是这样的家长吗

面临小升初的强子,备考的时候家里外婆生病去世了,强子参加完小学毕业考试后才得到消息,为此和父母大吵一架。上初中后连周末也不愿意回家,也不主动向父母要生活费了。多年后,和父母的关系依然很疏远。很多父母,在孩子小的时候就不太愿意和孩子交流,哪怕是自己家里的事情也是如此。如果孩子好奇打听,通常会得到一句"大人的事小孩别打听"。最终,孩子根本就不了解父母的生活。

认知关键

小孩子的认知和知识水平都无法达到成人水平;对于事情的看法一定不及成人那么深入全面,所以小孩子的意见总是被忽视,甚至是被拒绝。因此许多家长也忽略了孩子参与家庭事务的权利。**参与家庭事务是让孩子在家庭中拥有归属感和价值感的重要一环**。当孩子被排斥在家庭事务之外,感受到的可能就是对自己能力的否定,和家人对自己的拒绝。这样的孩子以后在生活、学习或者工作中遇到问题时,也不会想要寻求父母的帮助或征求父母的意见。

家长小课堂

不管年龄大小，参与家庭的决策，对孩子的成长都是大有裨益的。这种裨益是双向的，对父母而言，在孩子参与决策的过程中，他们可以得到明确的教育反馈；对孩子而言，参与家庭决策，可以更好地理解父母，并激发他们的责任心。

既然决定要让孩子参与家庭决策，那么家长就要时刻帮助孩子树立参与意识。在日常生活中，当父母谈论问题或商量事情时，都要有意识地问问孩子"你觉得这个建议好不好？""你认为这件东西该买不该买？""你知道我们为什么这样做吗？"这样可以逐渐使孩子关心家庭事务，产生参与意识。

分寸要掌握好。一个基本的原则就是，**只要参与的过程和结果有利于孩子身心健康，就可以让孩子参与**。确定了参与内容，家长还可以先易后难，循序渐进地增加难度。家长一定要注意，当你向孩子征求意见时，必须有一个认真的态度，要很郑重其事地与孩子商量，要让孩子感受到父母确实是想听听他的意见，并对孩子的合理建议积极采纳。孩子看到自己的建议在家庭事务中实施，就会产生成就感，这又能促进孩子再次参与的积极性。

另外孩子的情绪也是一个重要因素。当孩子情绪较好时，就愿意做一些事情，也肯动脑筋、出主意想办法，此时引导他参与决策，他会乐于接受。

所以，家长们千万别永远拿孩子当孩子，别以为他们什么都不懂。你把孩子当大人对待，让他们参与家庭的决策，实际上就是教给他们持家之道，对他们今后的独立生活是有很大好处的。

13. "再不听话不要你了!"

> **小贴士**
>
> 　　用训斥、威胁去管教孩子,本质上是在利用家长的强权让孩子低头。

您是这样的家长吗

周末带孩子去商场,当孩子哭闹要买玩具不肯回家时,很多父母都说过这句话:"再不听话就不要你了。"并且这招看起来似乎十分奏效。看着父母离去的背影,孩子吓得赶紧跟上。孩子因为害怕被抛弃而变得听话、乖巧和懂事,但也可能会因此缺少安全感,变成讨好型人格,甚至会失去自我,影响身心健康。

认知关键

家长们之所以喜欢吓唬孩子,是因为这是一种简单有效的让孩子"听话"的方法。这样吓唬孩子,很简单,却也很粗暴,对孩子的成长极为不利。当家长说出那一句"不要你了",会让孩子内心产生一种被抛弃感。有人将这种"吓唬式"的教育称为"爱的撤回"。

心理学家威利·詹姆斯说过一句话:"在人类天性中,最深层的本性是得到别人的重视。"对孩子来说,这个"别人"就是自己的父母和家人。因为年龄的原因,孩子根本无法分辨大人说的话是真是假,从父母口中说出的"不要",这无疑就是晴天霹雳,安全感也可能因此崩塌。

家长小课堂

作为父母,我们要尽量以温和、明朗的方式,来帮助孩子通晓事理,让他的心灵天空洒满"爱"与"耐心"的阳光。

就算孩子再淘气,父母也得先收敛情绪再进行管教。孩子惹祸犯错,顽劣哭闹,的确让爸妈心烦意乱,但是在失去耐心前,大人还是得先管好自己的嘴巴,不能把简单粗暴的"恐吓式"狠话抛给孩子。给自己十几秒时间,冷静下来,才能以平和的态度,跟孩子作良性的沟通。

安抚孩子,了解他"闹腾"的原因。孩子捣蛋调皮,别急着"遏制",不妨先给他一个安抚的拥抱,让他的情绪"缓冲"下来,再慢慢探询他的想法。比起吓唬,孩子会更容易接受这种方式的教导。

转移注意力,避免冲突。可以带孩子先离开"现场",换一个环境,给孩子其他选择,去做别的事情,转移孩子的注意力,让大家都"喘口气",调整好情绪,再好好地跟孩子"明辨是非"。

正面引导孩子。跟孩子订立相关的行为规则,比如要做完作业才能出去玩,要洗了手才能吃东西等,心平气和地正面引导他成长,而不是靠"吓唬"来让孩子"懂事"。

统一教养观念。跟家里其他带孩子的亲属(爷爷奶奶等)、保姆等好好沟通,告诉他们尽量不要用"吓唬"的方法来管教孩子。因为他们和孩子接触的时间较长,对孩子的言传身教也是不容忽视的。

14. "不准和成绩差的孩子交朋友！"

小贴士

孩子成长的道路上总会遇到形形色色的朋友，引导孩子有选择地交朋友是对的，但一定要慎重判断，且干涉要适度，更重要的是让孩子自己思考，自己选择，一味地强迫孩子离开父母认为的"坏孩子"，会影响他未来的社会发展。当然，如果孩子的朋友确实存在比较大的品质或行为问题，一定要有策略地减少他们的接触，引导孩子打造健康的朋友圈。

您是这样的家长吗

冯女士的儿子军军8岁了,正在读小学三年级。在一次家长会结束后,班主任告诉她,最近军军经常跟班上几个学习差的同学一起玩,还出现上课说小话的情况,让冯女士多跟孩子交流一下,提醒他好好学习。冯女士听完,气不打一处来,回去就厉声呵斥军军不要再和那几个孩子一起玩。军军立刻大哭起来,并声称如果让他和好朋友绝交,他就不去上学了。

认知关键

如果家长只是简单地禁止孩子和"坏孩子"接触,事实上很难实现。一是隔离孩子的朋友圈很难做到,因为小朋友之间的活动范围相对固定,几乎每天都能见面;二是孩子会感到自己的"交友权"被侵犯,认为自己没有能力判断好坏,从而失去交友的信心;三是孩子需要有判断这段友情是否健康的能力。一味想着"保护"孩子而让他远离错误的朋友,只会让孩子缺乏对危险和错误的敏锐度与判断力。

所以,作为父母,真正要做的是让孩子具备判断力和自控力。遇到明显不宜交往的人,家长也别硬来。孩子在正确的引导下,是有足够的智力从错误中走出来并吸取经验和教训的。

家长小课堂

实时关注孩子的交友情况。多关注孩子并和他聊天，做到及时了解，才能进行正确的引导和干预。不妨问问孩子：你最喜欢这个朋友的什么特点？和这个朋友在一起，你们做了哪些有意思的事情？在一起的时候有没有不开心的事？通过聊天，父母就可以初步判断孩子的交友情况。如果观察到孩子的状态出现问题，也可以问问："你最近好像经常生气，是和朋友发生什么事了吗？"再引导孩子去思考自己的行为对不对，想想这个朋友是不是值得继续交往。

角色扮演，情景再现。晚上回家后，父母可以通过角色扮演的方式，让孩子把白天遇到的人际问题情景再现，进行重新演绎。角色扮演时，多问问"如果……你会怎么办？"引导孩子科学解决交友中出现的问题和冲突。这样可以最大限度地减少"坏榜样"带来的不良影响。

明确原则，增加孩子的判断力。3～6岁的孩子内在秩序还不稳固，需要家长帮助其明确言行的标准和原则。比如：学会宽容和理解；尊重他人、不嘲讽、不随意评判；不随便动手；不强迫他人做不想做的事。当孩子出现错误的模仿行为，不能一笑了之，要教导孩子是非对错，一旦做了错事，就要及时改正并承担后果。同样地，当别人出现不好的行为时，孩子也就具备了基本的判断力，自然会意识到这是错的。

鼓励孩子自我肯定，自己选择。鼓励孩子，找到孩子做得好的小细节，能够激励他不断进步。比如"那几个小男孩去欺负女孩子的时候,你没有马上加入进去一起欺负女孩,你犹豫了,站在旁边等了一会儿。说明你心里也知道这样做是不好的"。言语中,可以尝试默认孩子只是暂时犯了错误,他接下来能够自己意识到错误并改正。这样的积极暗示代表着信任,能够成为孩子改善行为问题的动力。

15. "知道你错哪儿了吗？知道还错！不知道？就让你知道知道！"

小贴士

行为比语言更有效。很多孩子希望犯错后有人指导接下来该怎么做，而不是先被训斥一通。

第二章　家长的常见错误言行自查

您是这样的家长吗

"知道你错哪儿了吗？知道还错？！不知道？那就让你知道知道！"这句话想必大家都听过。成长过程中，很多父母会这样对自己的孩子说，这些孩子长大后又会把这种话用到自己的孩子身上。这样的情形下，孩子的反应是怎么样的？基本可分为以下几种：

1. 孩子听着家长的唠叨，却仍然想着自己的事情。
2. 没听清家长问的是什么，只会似懂非懂地回答封闭式问题："对不对""是不是""好不好"。
3. 出于不耐烦，表面答应心里不服，没过多长时间还会再犯。
4. 家长觉得自己很有权威，反复说，孩子听不完整。

认知关键

父母要学会有效引导，才能让孩子真正从道理上知错，达到不再犯错的目的。如果家长总是激进地问对错，太过紧逼，会让孩子没有思考时间，内在动机被破坏了，你说再多也是徒劳。孩子最先感受到的是家长的情绪，然后才是说了什么，家长若太过暴躁，讲的大道理也就无用了。**只有先做到平和，孩子才不会像火山一样爆发，尤其5岁前的孩子更喜欢察言观色。**

家长小课堂

以身作则，让孩子感受价值。行为比语言更有效，很多孩子希望犯错后有人指导他接下来要怎么做，而不是先被训斥一通。家长要做给孩子看，让他知道即便错了也可以再重新整理，冷静处理以后的事情。有的孩子明明已经知错，但就是嘴硬，拒不认错，家长可以耐心地等一会，先做自己的事情，**等孩子情绪平静后再解决遗留问题**。**这时强调规则才有价值**。孩子长大后身上都会有父母的影子，所以为人父母千万不要只知道使用暴力，否则每次遇到问题，孩子的潜意识就会只有冲动、暴力。

遵循自然惩罚原则，不强调，不勉强。孩子需要承担自己犯错的后果，最好是自然惩罚。比如破坏玩具，不要总是让他认错，可以告诉他玩具坏了不能再玩，也不能再买新的。

再比如孩子伤害了别人，家长要第一时间带孩子一同前去道歉，同时告知孩子伤人的后果。比如小朋友不再和他玩，或者需要付出赔偿等。家长不要强调他哪里错了，不勉强孩子认错，他看到了后果，自然就懂了。比如孩子因为不想吃饭扔掉饭碗，很多家长的注意力都会放在摔碗上，但实际目的是让孩子好好吃饭，因此最佳的方式是让他饿一顿。

16. "爸爸妈妈求你了……"

> **小贴士**
>
> 　　优秀的家长，都懂得在孩子心中树立父母的威信，让孩子既尊重父母，又信任父母。

您是这样的家长吗

卑微的父母，得不到孩子真正的尊重。在日常生活中，很多父母常对孩子好言相劝："不要总看电视，对眼睛不好，关一会儿行吗？""睡觉的时间到了，快点睡觉好吗？"有些孩子却直接拒绝："不行，不行，不可以！"他们公然把父母的话当成耳旁风。有的孩子要买玩具时，若父母不依，就撒泼打滚，或者对父母拳打脚踢。父母还会说："求你别这样了，下次买行不行？"

认知关键

从这些场景中，我们可以看到：不尊重父母的孩子，以及对孩子束手无策、卑微的父母。而造成这种现象的根本原因，**是父母把孩子的地位捧得太高**。这类父母平时，毫无底线地满足与纵容孩子，以至于最后亲子关系失控。如此，孩子会越来越不尊重父母。父母在孩子面前的姿态，卑微到了尘埃里。而父母的卑微，会让他们对孩子说的话苍白无力，也让教育毫无力量。长此以往，孩子不仅不会尊重父母，更会养成唯我独尊、任性妄为、嚣张跋扈的性格。

家长小课堂

优秀的家长,都懂得在孩子心中树立父母的威信,让孩子既尊重父母,又信任父母。要明白,**一个懂得尊重父母的孩子,才是家庭教育的最大成功**。因为从孩子对待父母的态度,就能窥见他未来行为处事、待人接物的样子。一个连父母都不放在眼里的孩子,长大后也必然是一位斤斤计较、眼界狭窄、礼仪欠缺的人。父母就是孩子最初的学习对象,严格要求自我,把控好自己的一言一行,孩子才能从父母这里学会包容与爱,学会理解与尊重。我们尊重孩子,才能赢得孩子的尊敬,就能让良好的教育理念滋养孩子的心田,幻化成孩子前行的动力,陪他走过漫长的人生岁月。

17. "学习好就行了，其他事都不重要！"

> **小贴士**
>
> 　　一味追求成绩，而忽视培养孩子的生活自理能力，到头来只会教育出"高分低能"的"巨婴"。

您是这样的家长吗

相信大家都看过"一个10岁的小孩,竟然连剥鸡蛋都不会?"的新闻报道。新闻中的妈妈是个事事包办的"操心妈"。因为担心占用儿子学习的时间,不仅从来不让儿子做家务,连本该属于儿子自己完成的事也帮他包办了。比如,帮儿子剥鸡蛋黄、挑鱼刺、剥龙眼核……在妈妈"用心"的栽培下,孩子养成了衣来伸手、饭来张口的习惯,甚至也变得越来越难"伺候":剥好的水果不吃,被子从来都不自己叠……而这一切,在妈妈看来一点都不奇怪:"我家孩子学习好!其余的都不重要。"

认知关键

一味追求成绩,而忽视了培养孩子的生活自理能力,到头来只会教育出"高分低能"的"巨婴"。如果只重视孩子的健康和学习两方面,忽略了兴趣爱好、情感、性格养成等其他方面的教育,是对孩子成长的不负责任。因为,一个人如果拥有健康的兴趣爱好,就是拥有一座属于自己的心灵花园,能够保持生活的激情和成长的动力,能够远离不健康心理;而一个没有兴趣爱好支撑的人生,精神世界将是贫瘠的,生活质量也不会太高,也会缺少积极向上的乐观精神和成长动力。

家长小课堂

家长要用发展的眼光去发现孩子的闪光点，全面看待孩子的成长。要认识到**学习是一个探索的过程，就像涨潮落潮一样，会有波动和起伏，我们需要客观地看待孩子的全面发展**。只要孩子有进步和收获，那就是一种成功。如果为了学习而学习，一味地追求成绩，就会让孩子的兴趣慢慢丧失，反倒事倍功半。成功人生的定义是多元的，学习只是人生的一部分，不是全部，我们要善于发现除学习以外的孩子的闪光点，呵护孩子的好奇心和想象力，找到属于他们自己的成就感和乐趣。谨记三点：

1. 抓住生活里的每一件小事，培养孩子的独立意识，让孩子学会为自己负责。

2. 不去包办孩子的生活，让他自己想办法解决生活琐事。

3. 相信并且信任他，给他充足的安全感。

附：孩子出现以下信号家长要注意

信号一：厌学

孩子不爱上学，家长要本能地警醒，并积极排查外部环境的问题：学校的教学方式是否太过死板？老师的行为是否不当？孩子在学校是否遭受霸凌？当然，这些都有可能是原因。但如果孩子的表现和其他同学差别过大，那么家长就该警惕，是不是孩子的心理出了问题。

信号二：沉迷网络和游戏

现如今，我们几乎每时每刻都离不开网络。但如果孩子沉溺于虚拟世界，甚至放弃自己的前途学业、人际关系，那可能就不仅仅是管不住自己了，而是心理出了问题。

信号三：拖延

孩子如果偶尔出现做事拖延的情况，可能只是因为犯懒。但如果一直拖延，事事拖延，且管制引导都无效，那么家长该做的就不是"教育"了，而是用科学的办法排查孩子的心理问题。

信号四：不出门

孩子天性活泼，热爱户外活动，喜欢找各种乐子，但如果长期不爱出门，做宅男宅女，那心理上很有可能是有问题的。

信号五：不与人交往

内向跟不与人交往是有区别的。内向的孩子虽然不爱主动表达，但是会通过眼神、身体语言等发出自己对人感兴趣的信号；他们不愿意成为人群中心，但挺喜欢待在小伙伴中间。如果一个孩子不跟人交往，甚至连好朋友也越来越疏离，家长就要引起警惕了。

信号六：厌恶老师

跟第一个信号类似，家长除了要找老师的原因，还得找孩子的原因。如果孩子之前一直对老师没有什么意见，突然开始厌恶学校、厌恶老师，那也许是他厌恶这个世界的信号。

信号七：不健康的恋爱

男孩女孩互相有好感，是人之常情。心理健康的孩子能够处理好喜欢一个异性跟平衡自己学业和生活之间的关系，学校和家长对此应报宽松的态度，孩子会更容易处理好这个关系。但是，如果孩子认为爱情就是一切，没有了爱情全世界就没有了，那很可能是缺乏安全感所致。

信号八：砸东西

暴力行为可能是心理出现问题的表现之一。如果让孩子画一张画、拍一个视频、创作一段音乐，呈现出可怕的风格；孩子把自己关在屋子里，拼命地去摔东西、砸东西，一边砸一边还念念有词……这个时候，往往是孩子有很多情绪需要发泄。

信号九：攻击他人

砸东西是对着物品撒气，攻击他人是对着人泄愤。这都属于暴力行为。尤其对于已经懂事的青春期孩子来说，暴力行为不仅仅是性格所致，更可能是心理问题。

信号十："考试综合征"

"考试综合征"是指由于心理素质差、面临考试情境而产生恐惧心理，同时伴随各种不适的身心症状，导致考试失利的心理疾病，还可形成恶性循环。

信号十一：睡眠异常

很多孩子对任何事情都没有兴趣，就爱躺在床上睡觉，不分白天黑夜地睡。而另一些孩子却是不睡觉，或者睡眠质量不好，这又会导致他们白天无精打采。睡觉，也可能是心理问题的反映，家长要引起重视。

信号十二：饮食出现问题

很多家长容易把孩子表现出的"厌食"视为"挑食"，把"贪吃"视为"爱吃"，其实，无法抑制地不爱吃饭和一吃就控制不住地停不下来，都是孩子心理问题的映射。

以上这些信号，独立来看问题都不大，也可能是孩子青春期自立情结（俗称逆反）的表现，**但如果出现了五个以上的信号，家长就要高度重视了。**